普通高等教育
建筑环境与能源应用工程系列教材

燃气安全技术

（第4版）

U0240447

主　编／黄小美　安金钰

主　审／彭世尼

重庆大学出版社

内容提要

　　"燃气安全技术"是建筑环境与能源应用工程专业燃气方向的专业课程,根据课程要求,本书结合编者多年的实践经验和燃气行业新形势,进行新版修订,主要增加了燃气安全概述、蒸气云爆炸、燃气设施安全检测和燃气设施完整性管理等内容。全书主要内容包括概述;泄漏与扩散;火灾与爆炸;爆炸效应及危害评估;爆炸防护技术;设施安全检查与检测;安全生产管理;风险评价与完整性管理。

　　本书可作为建筑环境与能源应用工程专业课程教材,也可作为相关工程技术人员的参考用书。

图书在版编目(CIP)数据

燃气安全技术 / 黄小美,安金钰主编. -- 4 版. --
重庆 : 重庆大学出版社,2023.10
普通高等教育建筑环境与能源应用工程系列教材
ISBN 978-7-5689-4164-8

Ⅰ.①燃… Ⅱ.①黄…②安… Ⅲ.①城市燃气—安
全技术—高等学校—教材 Ⅳ.①TU996.9

中国国家版本馆 CIP 数据核字(2023)第 159771 号

普通高等教育建筑环境与能源应用工程系列教材
燃气安全技术
(第 4 版)

主　编　黄小美　安金钰
主　审　彭世尼

策划编辑:张　婷

责任编辑:张　婷　　版式设计:张　婷
责任校对:邹　忌　　责任印制:赵　晟

*

重庆大学出版社出版发行
出版人:陈晓阳
社址:重庆市沙坪坝区大学城西路 21 号
邮编:401331
电话:(023) 88617190　88617185(中小学)
传真:(023) 88617186　88617166
网址:http://www.cqup.com.cn
邮箱:fxk@ cqup.com.cn(营销中心)
全国新华书店经销
重庆市鹏程印务有限公司印刷

*

开本:787mm×1092mm　1/16　印张:12.5　字数:313千
2005 年 10 月第 1 版　2023 年 10 月第 4 版　2023 年 10 月第 7 次印刷
印数:12 501—15 000
ISBN 978-7-5689-4164-8　定价:39.00 元

序

20 世纪 50 年代初期,为了满足北方采暖和工业厂房通风等迫切需要,全国在八所高校设立"暖通"专业,随即增加了"空调"内容,培养以保障工业建筑生产环境、民用建筑生活与工作环境的本科专业人才。70 年代末,又设立了"燃气"专业。1998 年二者整合为"建筑环境与设备工程"。随后 15 年,全球能源环境形势日益严峻,保障建筑环境上的能源消耗更是显著加大。保障建筑环境、高效应用能源成为当今社会对本专业的两大基本要求。2013 年,国家再次扩展本专业范围,将建筑节能技术与工程、建筑智能设施纳入,更名为"建筑环境与能源应用工程"。

本专业内涵扩展的同时,规模也在加速发展。第一阶段,暖通燃气与空调工程阶段:近 50 年,本科招生院校由 8 所发展为 68 所;第二阶段,建筑环境与设备工程阶段:15 年来,本科招生院校由 68 所发展到 180 多所,年招生规模达到 1 万人左右;第三阶段,建筑环境与能源应用工程阶段:这一阶段有多长,难以预见,但是本专业由工程配套向工程中坚发展是必然的。第三阶段较之第二阶段,社会背景也有较大变化,建筑环境与能源应用工程必须面对全国、全世界的多样化人才需求。过去有利于学生就业和发展的行业与地方特色,现已露出约束毕业生人生发展的端倪,针对某个行业或地方培养人才的模式需要作出改变。本专业要实现的培养目标是建筑环境与能源应用工程专业的复合型工程技术应用人才。这样的人才是服务于全社会的。

本专业科学技术的新内容主要在能源应用上:重点不是传统化石能源的应用,而是太阳辐射能和存在于空气、水体、岩土等环境中的可再生能源的应用;应用的基本方式不再局限于化石燃料燃烧产生热能,而将是依靠动力从环境中采集与调整热能;应用的核心设备不再是锅炉,而将是热泵。专业工程实践方面:传统领域即设计与施工仍需进一步提高;新增的工作将是从城市、城区、园区到建筑四个层次的能源需求的预测与保障、规划与实施,从工程项目的策划立项、方案制订、设计施工到运行使用全过程提高能源应用效率,从单纯的能源应用技术拓展到综合的能源管理等。这些急需开拓的成片的新领域,也体现了本专业与热能动力专业在能源应用上的主要区别。本专业将在能源环境的强约束下,满足全社会对人居建筑环境和生产工艺环境提出的新需求。

本专业将不断扩展视野,改进教育理念,更新教学内容和教学方法,提升专业教学水平;将在建筑环境与设备工程专业的基础上,创建特色课程,完善专业知识体系。专业基础部分包括建筑环境学、流体力学、工程热力学、传热学、热质交换原理与设备、流体输配管网等理论知识;专业部分包括室内环境控制系统、燃气储存与输配、冷热源工程、城市燃气工程、城市能源规划、建筑能源管理、工程施工与管理、建筑设备自动化、建筑环境测试技术等系统的工程技术知识。

本专业知识体系由知识领域、知识单元以及知识点三个层次组成，每个知识领域包含若干个知识单元，每个知识单元包含若干知识点，知识点是本专业知识体系的最小集合。课程设置不能割裂知识单元，并要在知识领域上加强关联，进而形成专业的课程体系。各校需要结合自己的条件，设置相应的课程体系，使学生建立起有自身特色的专业知识体系。

重庆大学出版社积极学习了解本专业的知识体系，针对重庆大学和其他高校设置的本专业课程体系，规划出版建筑环境与能源应用工程专业系列教材，组织专业水平高、教学经验丰富的教师编写。这套专业系列教材口径宽阔、核心内容紧凑，与课程体系密切衔接，便于教学计划安排，有助于提高学时利用效率。通过这套系列教材的学习，能够使学生掌握建筑环境与能源应用领域的专业理论、设计和施工方法。结合实践教学，还能帮助学生熟悉本专业施工安装、调试与试验的基本方法，形成基本技能；熟悉工程经济、项目管理的基本原理与方法；了解与本专业有关的法规、规范和标准，了解本专业领域的现状和发展趋势。

这套系列教材，还可用于暖通、燃气工程技术人员的继续教育；对那些希望进入建筑环境与能源应用工程领域发展的其他专业毕业生，也是很好的自学课本。

这是对建筑环境与能源应用工程系列教材的期待！

付祥钊

2013 年 5 月于重庆大学虎溪校区

前言（第4版）

党的二十大报告提出，把"双碳"建设纳入生态文明建设布局中来；要立足我国能源资源禀赋，坚持先立后破，有计划分步骤实施碳达峰行动，积极稳妥推进碳达峰碳中和；要加强能源产供储销体系建设，确保能源安全。能源安全供给是能源发展的首要任务，本质上属于一个系统工程，包括勘探开发与加工、输配网络和储备设施建设、市场监管、安全生产和应急管理，以及法律制度建设等众多环节和要素。燃气作为一种清洁高效、供应稳定、成本可接受的低碳化石能源，是当前推动能源绿色低碳转型最现实的选择。由于燃气易燃易爆的特性，燃气安全监管工作受到国家高度重视，2021年以来全国开展了针对燃气设施的专项整治活动。提升燃气安全技术，完善燃气安全管理体系，降低燃气事故发生率，是维护国家长治久安和人民生命财产安全的重要内容。

"燃气安全技术"是建筑环境与能源应用工程专业燃气方向的专业课程。本书第3版于2015年由重庆大学出版社出版，结合编者多年的实践经验和燃气行业新形势，此次对本书进行修订推出第4版。

此次修订，对全书进行了必要的改写，主要增加了燃气安全概述、蒸气云爆炸、燃气设施安全检测和燃气设施完整性管理等内容，并对各章进行了不同程度的修编。本书在介绍燃气安全技术专业知识的同时，力图帮助读者树立燃气安全意识和安全发展观。

全书主要内容包括：概述；泄漏与扩散；火灾与爆炸；爆炸效应及危害评估；爆炸防护技术；设施安全检查与检测；安全生产管理；风险评价与完整性管理。

本书第4版由重庆大学黄小美、安金钰担任主编，其中第1章至第5章由重庆大学黄小美编写，第6章至第8章由贵州大学安金钰编写，重庆大学彭世尼教授对全书进行了审阅。

本书可作为建筑环境与能源应用工程专业课程教材，也可作为相关工程技术人员参考用书。

本书在编写过程中参考了许多燃气安全技术方面专家、学者的著作和研究成果，在此表示衷心感谢。

由于编者水平有限，不妥之处在所难免，敬请读者批评指正。

编　者
2023年4月

前言

  我国燃气工程不断发展的结果已经使燃气的应用广泛地介入了民众的生活,使用燃气的安全保障需要有明确而又可靠的理论与技术支撑。目前,作为系统阐述燃气工程领域的燃气安全问题的参考文献还较少,因而,本书的编写将对燃气工程领域的燃气安全技术开发与工程安全实践提供重要的参考。

  本书主要介绍了与燃气安全相关的基本理论、燃气泄漏的特点、燃气爆炸的原理及其爆炸效应评估、燃气爆炸的预防与防护的原理和技术,尤其是针对城市燃气工程的工艺设计、建设与管理工程中采用的安全技术进行了系统的分析与阐述,并对城市燃气供应系统的风险评价和安全管理方面的知识做了介绍。

  城市燃气安全技术是城市燃气工程的重要技术范畴,涉及燃气安全的知识范围、技术范围非常广泛,本书在编写工程中力求全面、系统和切合实际,并与现代技术的发展相适应。

  本书是在对原城市燃气工程专业(现为建筑环境与设备工程专业)的本科生开设的专业选修课的基础上编写的,也是我国在城市燃气工程领域内首次出版的一本关于燃气安全的教学参考书。由于编者缺乏经验,加之水平有限,因而会有不少的不全面之处,恳请阅读本书的读者提出宝贵的意见,以便于今后更加完善。

  本书可供建筑环境与设备工程专业的在校师生作为教学用书,也可以供从事城市燃气工程领域的工程设计人员、工程管理人员阅读;同时,对于从事消防领域的工程技术与管理人员也有一定的参考价值。

  本书由重庆大学彭世尼教授编著,黄小美参与了第 1,2,12 至 16 章的编写工作。本书由哈尔滨工业大学段常贵教授、北京建筑工程学院詹淑慧副教授共同主审。

编 者

2005 年 7 月于重庆

目　录

1

概　述

1.1　燃气安全概况

　　目前全球一次能源消费结构仍以传统化石能源为主。根据商业计划书（Businiess Plan，BP）的数据，2020年石油仍是非洲、欧洲和美洲的主要燃料；天然气则在独联体和中东地区占主导地位，在一次能源结构中的占比超过半数；煤炭是亚太地区的主要燃料。截至2020年，全球一次能源消费结构中，石油、煤炭和天然气依旧占据最大份额，三者分别占比31.3%、27.2%和24.7%。随着能源结构低碳化的发展，含碳量更低的天然气将取代石油成为主要能源。天然气在一次能源中的占比持续上升，2020年创下了24.7%的历史新高，中国燃气消费量持续高增长。在能源结构调整的大背景下，中国多年来燃气消费数据维持高增长，成为全球多年燃气消费持续高增长的主要经济体之一。根据中国"十四五"天然气消费趋势分析的预测，由于能源转型的任务依然繁重，天然气将承担重要桥梁作用，2021年全国天然气表观消费量为3 726亿 m^3，约占一次能源消费总量的9%，预计2035年可以达到6 000亿 m^3 以上。

　　燃气安全管理是城市安全运行管理的重要内容，直接关系到人民群众生命财产安全。当前，我国燃气使用规模不断增长，燃气安全隐患点多面广，燃气事故时有发生，城市燃气泄漏爆炸、燃气设备使用不当导致一氧化碳（CO）中毒等事故时有报道。2022年6月，国务院办公厅印发《城市燃气管道等老化更新改造实施方案（2022—2025年）》，要求加快推进城市燃气管道等老化更新改造，让人民群众生活更安全、更舒心、更美好。2023年2月中国城市燃气协会安全管理工作委员会发布的《全国燃气事故分析报告（2022年·全年综述）》显示2022年全年共收集到媒体报道的国内（不含港、澳、台地区）燃气事故802起，造成66人死亡，487人受伤。其中较大事故10起，与燃气相关的交通运输事故60起，事故分布在全国30个省份、249个城市。按气源种类统计：全年发生天然气事故270起，死亡18人，受伤89人；液化石油气事故450起，死亡45人，受伤294人；气源待核实事故82起，死亡3人，受伤104人。按事故类型统计：居民用户事故457起，死亡35人，受伤307人；工商用户事故123起，死28人，受伤 153 人,其中,餐饮用户事故 104 起,死亡 28 人,受伤 143 人;管网事故 212 起,死亡 3 人,受伤 26 人;场站事故 10 起,受伤 1 人。可见,强化燃气安全管理,避免燃气事故,已成为十分迫切的民生问题。

1.2　燃气事故分类和分级

　　明确燃气事故分类和级别划分,判别事故风险程度以量化管理提升可操作性,是突发事故应急预案中的一个重要组成部分。通过对事故及时采用不同级别的应急响应,明确各级应急人员的职责范围及工作职责,果断处理事故险情,防止事态扩展,有助于快速、高效、科学地控制燃气事故,最大限度地避免和减少人员伤亡和财产损失,实现高效利用资源。

　　燃气事故按性质可分为火灾、爆炸、爆燃、中毒、泄漏、停气、设备故障。事故场所可分为场站(存在重大危险源,在企业圈定的围墙里,有较好的控制能力)、管网(遍布整个城市地下,不易控制,可强化巡查进行弥补)、客户端(在私人的私密空间,较难控制)。按程度可分为一般事故、较大事故、重大事故、特别重大事故。根据《国家突发公共事件总体应急预案》,城市燃气突发安全事故按照严重程度和影响范围可分为四级:Ⅰ级(特别重大)、Ⅱ级(重大)、Ⅲ级(较大)、Ⅳ级(一般),并按相关等级采取切实有效的抢险措施。《安全生产法》规定根据生产安全事故造成的人员伤亡或者直接经济损失,事故等级划分标准如下。

　　特别重大事故:指造成 30 人以上死亡,或者 100 人以上重伤(包括急性工业中毒,下同),或者 1 亿元以上直接经济损失的事故。

　　重大事故:指造成 10 人以上 30 人以下死亡,或者 50 人以上 100 人以下重伤,或者 5 000 万元以上 1 亿元以下直接经济损失的事故。

　　较大事故:指造成 3 人以上 10 人以下死亡,或者 10 人以上 50 人以下重伤,或者 1 000 万元以上 5 000 万元以下直接经济损失的事故。

　　一般事故:指造成 3 人以下死亡,或者 10 人以下重伤,或者 1 000 万元以下直接经济损失的事故。

1.3　燃气安全防护概述

　　燃气安全防护是社会必须重视的一件大事,而且是一项系统工程。要达到预期的目的,必须进行科学的决策,并依靠先进的技术和完善的管理体制。总体而言,为了避免燃气事故和减少燃气事故带来的危害,需要做好各类燃气事故的预防和防护工作。

　　城市燃气供应系统中最主要的事故为燃气泄漏爆炸,因此预防和防护工作也主要针对燃气泄漏爆炸。

1.3.1　燃气泄漏概述

　　燃气管网机械失效后,燃气从管网破裂口流出,形成湍流自由射流和等熵绝热膨胀过程,即为燃气泄漏。一般可将泄漏分为大孔泄漏和有限孔泄漏两种泄漏模型,或小孔模型和管道模型。当泄漏的燃气与空气混合达到有害浓度范围,就会对人、物和环境产生危害,燃气泄漏即使没有产生进一步危害,也会导致资源损失。燃气泄漏造成的最大危险在于由其引起的火灾和爆炸事故,可发生在输送、储存和应用的各个环节,每个环节需采用相应的设备并在相应的环境下运行,设备工作环境会影响其爆炸的危险性。

管道系统的泄漏模式直接影响泄漏量、泄漏的扩散范围,从而影响管道系统失效的后果。泄漏模式分析包括燃气从管道系统泄漏到空气中的整个过程分析,此过程由管道机械失效的形式和管道所处的环境所决定。根据管道系统机械失效的形式,可将燃气泄漏分为渗透泄漏、穿孔泄漏和开裂泄漏3种泄漏形式,根据泄漏燃气进入空气中的方式,燃气泄漏可分为直接泄漏到空气中和经过土壤渗透泄漏到空气中两种方式。渗透泄漏是指燃气通过管道系统的密封垫圈、填料等多孔介质的缝隙、孔隙泄漏的泄漏形式;穿孔泄漏是指燃气从管道系统的当量直径较小的孔口(直径一般小于10 mm)泄漏的泄漏形式;开裂泄漏泛指燃气从管道系统的较大的缺口、裂缝、断口等(泄漏面积与管道截面积属一个数量级)泄漏的泄漏形式。燃气泄漏模式及进入空气中的方式取决于管道系统的直接失效原因和敷设方式。

燃气泄漏的主要原因可以分为主观原因和客观原因。主观原因指人的主观行为造成的,在燃气管网的使用周期中,设计、施工安装、安全管理等环节中具有可能诱发燃气管道泄漏的因素,如燃气管道安全距离不够、管道管材质量不合格、第三方施工破坏行为和安全隐患未被及时发现等原因。客观原因指人为控制之外的因素,可以是环境的或者其他的不以人的意志为转移的因素,导致燃气管线泄漏的客观因素通常有自然腐蚀和自然灾害。自然腐蚀一般分为内腐蚀、外腐蚀、应力腐蚀。如地震、地面沉降或塌陷等自然灾害都能使燃气管道局部应力集中,从而导致严重的燃气管道泄漏事故。

1.3.2　燃气中毒概述

燃气中毒广义上包括燃气窒息和有毒气体中毒。燃气窒息指如天然气类无毒气体泄漏后聚积,使室内氧气含量减少,导致人员窒息休克。燃气中毒主要指一氧化碳中毒,一氧化碳与血红蛋白结合,形成碳氧血红蛋白,使血红蛋白丧失携氧的能力,造成缺氧。一氧化碳对全身的组织细胞均有毒性作用,尤其对大脑皮质的影响最为严重。有毒气体中毒还包括二氧化硫中毒和硫化氢中毒。

燃气中毒的原因主要有:

①室内或封闭空间的燃气泄漏,导致的燃气窒息。

②室内燃气取暖产生大量一氧化碳,导致一氧化碳中毒。

③无通风的厕所或厨房内安装燃气热水器,导致一氧化碳导致中毒。

④含硫天然气中二氧化硫和硫化氢浓度过高,燃气泄漏后引起中毒;或因天然气脱硫设备发生跑、冒、漏气等原因,使工作环境充满大量硫化氢,引起中毒。

⑤含硫天然气直接燃烧产生二氧化硫导致中毒。

⑥含有一氧化碳的人工燃气泄漏导致中毒。

1.3.3　燃气火灾概述

燃气火灾是由于燃气泄漏或操作失误接触火源引发的燃气着火。易燃、易爆的气体或液体泄漏后遇到引火源就会着火燃烧,它们的燃烧方式有池火、喷射火、火球和爆燃及闪火(突发火)4 种。

(1)池火

易燃液体如汽油、柴油、苯、甲醇、乙酸乙酯、液化石油气等,一旦从储罐及管路中泄漏到地面或流到水面,将向四周流淌、扩展,若受到防火堤、隔堤的阻挡,液体将在限定区域(相当于围堰)内积聚,形成一定范围的液池。这时,若遇到火源,液池可能被点燃,发生池火灾。

(2)喷射火

加压的可燃物质泄漏时形成射流,如果在泄漏裂口处被点燃,则形成喷射火。喷射火辐射热是一种包括气流效应在内的喷射扩散模式的扩展,整个喷射火可看成是由沿喷射中心线上的全部点热源组成,每个点热源的热辐射通量相等。

(3)火球和爆燃

低温可燃液化气由于过热,容器内压增大,使容器爆炸,内容物释放并被点燃,发生剧烈的燃烧,产生强大的火球,形成强烈的热辐射。

(4)闪火(突发火)

泄漏的可燃气体、液体蒸发的蒸气在空中扩散,遇到火源发生突然燃烧而没有爆炸,形成闪火,是一种非爆炸性的燃烧过程。闪火的主要危害来自热辐射和火焰直接接触。可燃物云团的大小决定了可能造成直接火焰接触危害的面积,而云团的大小则部分取决于扩散和泄漏条件。

总之,火灾通过辐射热的方式影响周围环境,当火灾产生的热辐射强度足够大时,可使周围的物体燃烧或变形,强烈的热辐射可能烧毁设备,甚至造成人员伤亡。

1.3.4　燃气爆炸概述

爆炸是物质的一种非常急剧的物理、化学变化,也是大量能量在短时间内迅速释放或急剧转化成机械功的现象,通常借助于气体的膨胀来实现。从物质运动的表现形式来看,爆炸就是物质剧烈运动的一种表现,物质运动急剧增速,由一种状态迅速地转变成另一种状态,并在瞬间释放出大量能量。爆炸现象通常具有以下特征:爆炸过程进行得很快;爆炸点附近压力急剧升高,产生冲击波;发出或大或小的响声;周围介质发生震动或邻近物质遭受破坏。

爆炸过程一般分为两个阶段:第一阶段是物质的能量以一定的形式(定容、绝热)转变为强压缩能;第二阶段强压缩能急剧绝热膨胀对外做功,引起作用介质变形、移动和破坏。按爆炸性质可分为物理爆炸和化学爆炸。

①物理爆炸就是物质状态参数(温度、压力、体积)迅速发生变化,在瞬间放出大量能量并对外做功的现象。物理爆炸的特点是:在爆炸现象发生过程中,造成爆炸发生的介质的化学性质不发生变化,发生变化的仅是介质的状态参数。例如,锅炉、压力容器和各种气体或液化气体钢瓶的超压爆炸属物理爆炸。

②化学爆炸是物质由一种化学结构迅速转变为另一种化学结构,在瞬间放出大量能量并

对外做功的现象。化学爆炸的特点是:爆炸发生过程中介质的化学性质发生了变化,形成爆炸的能源来自物质迅速发生化学变化时所释放的能量。化学爆炸有 3 个要素:反应的放热性、反应的快速性和生成气体产物。例如,可燃气体、蒸气或粉尘与空气混合形成爆炸性混合物的爆炸属化学爆炸。

发生化学爆炸时会释放出大量的化学能,爆炸影响范围较大,而物理爆炸仅释放出机械能,其影响范围较小。天然气和液化石油气的爆炸浓度极限分别是 5%～15%、1.5%～9.5%,而焦炉煤气、发生炉煤气和水煤气的爆炸浓度极限分别是 6%～30%、15%～75%、6.3%～73.8%,氢气的爆炸极限为 4%～76%。根据消防燃烧学理论,可燃气体的爆炸下限数值越低,爆炸极限范围越大,爆炸的危险就越大。城镇燃气发生泄漏爆炸后火势会快速扩散,而燃烧释放的热量以及爆炸产生的冲击波叠加在一起之后,还会进一步导致二次爆炸的发生,带来更大的破坏。

预防燃气的爆炸是非常重要的事情。所谓爆炸的预防,是指预先消除爆炸的条件,采取一种使物质本身不能引发爆炸的措施。爆炸是一个突发的过程,进行的时间往往以毫秒计量。它一旦出现,想完全控制几乎是不可能的。"防患于未然"在燃气爆炸的预防工作中显得尤为重要。燃气燃烧爆炸是一个化学反应过程,它的出现需要满足相应的条件,即燃烧三要素:可燃气体(燃气泄漏)、助燃剂(空气)、点火源。这三个要素都必须同时存在才会发生爆炸,因此爆炸的基本预防应从预防消除这三个要素开始。

与此同时,不同的介质在泄漏以后,其爆炸的危险性是不同的。如爆炸的范围、点燃的能量、扩散的难易等都会对其危险性产生影响。因此,通常把可燃介质分成不同的危险等级,见表 1.1。

表 1.1　可燃气体及液化烃、可燃液体的火灾危险性分类举例

危险等级	名　称
甲	乙炔、环氧己烷、氢气、合成气、硫化氢、乙烯、氰化氢、丙烯、丁烯、丁二烯、顺丁烯、反丁烯、甲烷、乙烷、丙烷、丙二烯、丁烷、环丙烷、甲氨、环丁烷、甲醛、甲醚、异丁烷等
乙	一氧化碳、氨、溴甲烷等
甲 A	液化甲烷、液化天然气、液化乙烷、液化环丙烷、液化丙烯、液化环丁烷、液化丁烯、液化丁烷、液化石油气等
甲 B	戊烷、汽油等
乙 A	煤油等
乙 B	35#轻柴油等
丙 A	轻柴油、重柴油等
丙 B	变压器油、润滑油等

1.4 典型燃气事故及启示

城市燃气工程中常见的燃气事故有燃气中毒和燃气爆炸。其中燃气中毒一般有两种情况：一是 CO 等有毒气体中毒，二是燃气浓度过高使人窒息。常见的燃气爆炸事故一般也由两种原因引起：一是由于管道或管件损坏导致燃气泄漏，遇明火或电火花引起爆炸；二是由于超量的灌装或容器缺陷（主要是液化石油气供应工程中）导致容器破裂，进而引起燃气泄漏而导致爆炸。通过分析近年来典型燃气事故原因，吸取经验教训，提升燃气安全意识，落实安全管理责任，有效防范和坚决遏制燃气安全事故发生，切实维护好人民群众生命财产安全。

（1）LPG 罐车爆炸事故

2020 年 6 月 13 日，沈海高速浙江温岭段出口下匝道上发生一起液化石油气运输槽罐车重大爆炸事故，如图 1.1 所示。事故造成 20 人死亡，175 人入院治疗（其中 24 人重伤），直接经济损失约 9 477.8 万元。经事故调查组认定，"6·13"液化石油气运输槽罐车重大爆炸事故是一起液化石油气运输槽罐车超速行经高速匝道引起侧翻、碰撞、燃气泄漏，进而引发爆炸的重大生产安全责任事故。事故造成重大人员伤亡，附近车辆、道路，周边部分民房、厂房不同程度损坏。

图 1.1 浙江省某地槽罐车爆炸现场

（2）燃气管道泄漏爆炸事故

2021 年 6 月 13 日，湖北省十堰市发生天然气爆炸事故，如图 1.2 所示。事故造成 26 人死亡，138 人受伤，其中 37 人重伤，直接经济损失约 5 395.4 万元。调查报告显示，事故直接原因为天然气中压钢管严重锈蚀破裂，泄漏的天然气在建筑物下方河道内密闭空间聚集，遇餐饮商户排油烟管道排出的火星发生爆炸。

（3）室内 CO 中毒事故

2023 年 1 月 10 日，湖南省某地一出租屋因长时间使用燃气热水器引起一氧化碳中毒，造成屋内 5 人当场死亡。类似中毒事故层出不穷。室内使用燃气设备时，应该注意通风，保持室内空气新鲜，切不可为了维持室内温湿度而长时间紧闭门窗；应严格执行燃气设备安装规范，将液化气瓶、热水器放置安装在空气流通处或室外，排烟管应安装严密并伸出室外，避免废气在室内聚集。

图 1.2　湖北省某地燃气泄漏爆炸前后现场对比

（4）阀井检修窒息事故

2021 年 10 月 18 日,河北省某地维修人员在某阀井内进行阀门更换作业时,发生天然气泄漏,造成 3 人窒息,伤者经抢救无效先后死亡。有限空间作业窒息伤亡事件在我国偶有发生。在阀井等有限空间作业时,下井作业前和井内作业过程中,应监测氧气和可燃气体浓度,应系安全绳等装备,地面上应有专门安全人员守护,以确保井内作业人员安全。

2

燃气泄漏与扩散

2.1　燃气泄漏与扩散概述

　　燃气泄漏是燃气供应系统中最典型的事故,燃气火灾和爆炸绝大部分情况下都是由燃气泄漏引起的。即使不造成人员伤亡事故,燃气泄漏也会导致资源的浪费和环境的污染。燃气的泄漏和扩散模型图,如图 2.1 所示。

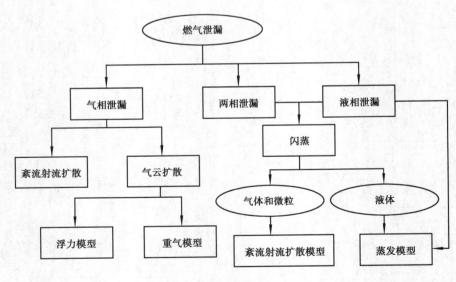

图 2.1　燃气泄漏与扩散模型图

2.1.1 燃气泄漏的原因

1) 用户设施燃气泄漏

燃气的使用如果严格按照规范安装,时常检修,正常操作是很安全的。但若疏忽大意,就会加大燃气泄漏的可能性,增加泄漏事故的发生概率,一旦燃气泄漏产生且浓度达到爆炸极限,遇明火会随时造成严重爆炸危害。此外,当燃气含量升高到一定值时还会带来窒息的危险。通过对泄漏事故的分析,总结出以下几个住宅区燃气泄漏多发的原因:

①燃气胶管破裂、脱落:胶管接触端松动、使用劣质胶管或胶管超期老化、胶管被咬坏或刮坏等,都会导致胶管破裂或脱落。30%的燃气事故都是因此而引起的。

②户内燃气管道损坏:管道被水或其他物质腐蚀;管道受到外力作用导致接口不牢固;管线防腐层被破坏,漏出金属,在与外界环境的长期接触中被腐蚀。

③燃气表损坏:燃气表内部构件在长期使用后未得到及时更换,导致燃气渗漏;外力破坏了燃气表等。

④锅内液体浇灭燃烧的火焰:没有及时处理灶上锅中沸腾的液体,致使液体外溢扑灭炉火导致燃气泄漏。

⑤忘记关阀门:缺乏关闭阀门的意识,尤其是停气且火焰熄灭后,未关燃气阀门便离开,当恢复供气时造成泄漏。

⑥燃气阀门接口损坏:阀门经久未修导致阀门松动;阀门被空气或做饭溅出的液体腐蚀。

另外燃气灶具损坏、私改燃气管线、用户或燃气公司违规操作等都有可能导致燃气泄漏。但从对事故原因的调查中发现,燃气表和燃气灶的泄漏属于多发情况。

室内有限空间的燃气泄漏分为瞬时源泄漏和连续源泄漏:瞬时源泄漏是指大面积瞬间释放大量气体,并在有限空间扩散,其主要特点是泄漏时间短、泄漏量大,一旦发生事故,往往会造成很严重的后果。连续源泄漏则是指在恒定的压力下,燃气通过管道或者阀门的某条裂缝或小孔发生泄漏,一般这种类型的泄漏容易被忽视,由于泄漏量不大,所以前期危害性小,但随着时间推移,危险性逐渐积累,如果不及时采取措施,也会发生事故伤害。

2) 输配气管网泄漏

(1) 腐蚀引起的泄漏

腐蚀是输配气管道事故的主要原因之一,且常发生在中、小口径管道的管壁上。在我国,管道腐蚀非常普遍,而且很多管道腐蚀与施工损伤、人为破坏、第三方施工损坏等原因有关,防腐措施或工艺不当也是原因之一。腐蚀引起的泄漏主要包括下述内容。

①燃气管道的外腐蚀:螺旋缝管、无缝管以及直缝管等钢制管材为输送燃气常用的几种管材,通常是暴露于空气中,或深埋于地下,或敷设于水下环境。这些长期暴露接触外界环境的管道,防腐不良的部分在极短的时间内就会发生腐蚀。特别是在杂散电流的作用下,几个月就可以导致一个新管道穿孔。外腐蚀或环境腐蚀主要有大气腐蚀、土壤腐蚀、杂散电流腐蚀和微生物腐蚀等。

②燃气管道的内腐蚀:内腐蚀是管道系统老化的重要因素之一,内腐蚀能造成管道结构

强度降低,导致泄漏。且内腐蚀引起的事故往往具有突发性和隐蔽性,后果一般比较严重。输送的天然气中所含水或硫等介质,会对管道造成内腐蚀,最终导致泄漏失效等各种管道事故的发生。管线内腐蚀很可能是管线内湿气、微生物、氯化物、O_2、CO_2、H_2S 等因素共同造成的。

③疲劳腐蚀:断裂或开裂及管道的过量变形也是天然气管道主要失效形式之一。天然气管道的开裂或断裂有脆性断裂、韧性断裂、疲劳断裂。其中,脆性断裂又有低温脆断、应力腐蚀、氢致开裂等;疲劳断裂,又可以分为应力疲劳、应变疲劳、腐蚀疲劳。过量变形是在过载情况下引起管道膨胀、屈曲、延伸,以及外力引起的压扁、弯曲变形等。无论何种原因,如氢腐、振动疲劳、拉伸疲劳、其他应力集中、负荷过量等导致的开裂或变形都会导致管道产生泄漏,引发重大事故。

(2)外力因素引起的泄漏

外力因素包括因外在原因或由第三方的责任事故以及不可抗力(地震、洪水等)而诱发的管道事故,它是燃气管道泄漏事故的主要原因之一。据欧洲天然气管道事故数据组织(European Gas Pipeline Incident Data Group,EGIG)统计,小口径管道直径小于254 mm受第三方破坏而发生的事故率高于大管径管道的事故率。其主要原因是管径小,管壁相对较薄,抗外力强度较低;同时,小口径管道更容易受地面活动影响。管道事故率虽然不直接取决于管径本身,但与管道壁厚有密切关系。管道壁厚小于 5 mm 的天然气管道事故率是壁厚在 5~10 mm 管道的 5 倍左右,是壁厚在 10~15 mm 管道的 25~30 倍。同时,管道埋深与事故率也有密切的关系。管道埋深超过 80 cm 或超过 100 cm 时,能大大减小天然气管道事故率。小于 80 cm 埋深的天然气管道事故率是埋深在 80~100 cm 区间或大于 100 cm 管道的 3 倍。

在我国由于管理粗放、施工报备制度执行不力及第三方施工等原因导致的外力破坏,以及其他人为破坏更是天然气管道事故的主要因素。

①自然环境因素:自然环境因素引发的事故包括雷电及地面运动引发的事故等。雷电危害的表现一般为阴极保护设备受损、绝缘法兰的绝缘性能降低,以及雷雨季节触摸管道会感受到电震感等。造成燃气管道设施失效的地面运动主要有山体滑坡、地面沉降、地震、洪水等,其中山体滑坡和地面沉降最为多见。

②人为破坏:主要表现为在管道沿线安全保护距离以内修建违章建筑,甚至直接在埋地管道上方修建违章建、构筑物;修建水利设施、园林绿化、道路、其他管道等改变了天然气管道原有的受力状况、外部腐蚀环境、巡视检查环境;打孔盗气等。

3)设计施工与材料缺陷引起的泄漏

这个因素也可称为设计及施工缺陷,因为无论是材料缺陷还是选型不当,其实都可以将其归结到设计过程之中。EGIG 发现 1963 年以前建设的管道,因施工缺陷和材料失效引起的事故频率相对较高,事故率为 0.15~0.2 次/(1 000 km·a),从 1984 年起,随着施工技术的进步,管道事故率开始明显地下降。

①设计不详细或设计缺陷:包括对沿线环境勘查测量不细导致的缺陷、城区管道设计缺乏统一的规划引导导致第三方施工挖断事故,以及设计选型、选材不科学等因素。

②施工问题:如焊缝或管道母材中的缺陷、违背设计、施工保护不当等因素也会导致输配气管网出现问题,引发泄漏。

2.1.2　燃气泄漏的分类

1）按照泄漏的流体状态分类

按照泄漏的流体状态分为气体泄漏、液体泄漏、气液两相泄漏。

2）按照泄漏的构件分类

按照泄漏的构件分为管道泄漏、调压器泄漏、阀门泄漏、补偿器泄漏、排水器泄漏、计量装置泄漏、储气设备泄漏等。也可以分为本体泄漏和连接接头泄漏。

3）按照泄漏的模式分类

按照泄漏的模式分类：穿孔泄漏、开裂泄漏和渗透泄漏。

①穿孔泄漏：指管道及设备由于腐蚀等原因形成小孔，燃气从小孔泄漏出来。穿孔泄漏一般为长时间的持续泄漏。常见的穿孔直径为 10 mm 以下。

②开裂泄漏：属于大面积泄漏。开裂泄漏的泄漏口面积通常为管道截面积的 20% ~ 100%。开裂泄漏的原因通常是由于外力干扰或超压导致管道破裂。开裂泄漏通常会导致管道或设备中的压力明显降低。

③渗透泄漏：泄漏量一般比较小，但是发生的范围大，而且是持续泄漏。燃气管道与设备及设备之间的非焊接形式的连接处，燃气设备中的密封元件等经常会发生小量或微量的渗透泄漏。因燃气管道腐蚀穿孔（但防腐层未破裂），燃气透过防腐层的少量泄漏也可看作渗透泄漏。

4）按泄漏持续的时间分类

按泄漏持续的时间分类：连续型泄漏（小量泄漏）和瞬间型泄漏（大量泄漏）。

①连续型泄漏：指容器或管道破裂，以及阀门损坏或单个包装的单处泄漏。该泄漏具有持续时间长、泄漏量较小、泄放稳定的特点。

②瞬间型泄漏：指化学容器爆炸瞬间解体，或者一个大包装的泄漏，或许多小包装的多处泄漏。该泄漏具有短时大量的特点，泄漏后引起的危害后果较大。

2.2　燃气泄漏源模型

2.2.1　液体泄漏

一般情况下泄漏的液体在空气中蒸发而生成气体，泄漏情况与液体的性质及储存条件（温度、压力）关系如下所述。

①常温常压下的液体泄漏：液体泄漏后聚集在防液堤内或地势低的地方形成液池，液池由于池表面的对流而缓慢蒸发，若遇到火源就会发生池火灾。

②气体加压液化形成的液体泄漏：一些液体泄漏时将瞬时蒸发(闪蒸)，剩下的液体将形成一个液池，吸收周围的热量继续蒸发，液体瞬时蒸发比例取决于物质的性质及环境温度，有些泄漏物可能在泄漏过程中全部蒸发。

③低温液体泄漏：这种液体泄漏时立即形成液池，吸收周围热量蒸发。其蒸发量低于加压液化气体的，高于常温常压下液体的。

④加压低温液体泄漏：先闪蒸，再吸热蒸发。

1) 液体通过孔洞泄漏过程

液体通过孔洞泄漏时，其符合方程如下：

$$\int \frac{dP}{\rho g} + \Delta \left(\frac{\vec{u}^2}{2\alpha g} \right) + \Delta Z + h_{l1-2} = -\frac{W_s}{q_m g} \tag{2.1}$$

式中　P——压力，Pa；

ρ——液体密度，kg/m³；

g——重力加速度，9.8 m/s²；

$\vec{u}$——流体平均瞬时速度，m/s；

α——动能修正系数(无量纲)，对层流 $\alpha = 0.5$，对柱塞流 $\alpha = 1$，对湍流 $\alpha \to 1.0$；

Z——高于基准面的高度，m；

h_{l1-2}——1—2 间的摩擦损失项，m；

W_s——轴功率，W；

q_m——质量流速，kg/s。

式中 $\frac{W_s}{q_m g}$ 就是单位质量的液体对外做功导致的水头损失。同时针对简单孔洞泄漏模型提出以下近似假设：

①假设储罐内部充满，高度变化可以忽略，$\Delta Z = 0$；

②内部流体流动的速度和流体从孔洞流出的速度相比可以忽略，故假设 $u_1 = 0$；

③轴功为零；

④液体可当作不可压缩流体。

对不可压缩流体有：

$$\int \frac{dP}{\rho g} = \frac{\Delta P}{\rho g} \tag{2.2}$$

由于内部流体的表压为 P_g，外部为大气压，故 $\Delta P = P_g$。

摩擦损失可由流出系数 C_1 来代替，定义：

$$\frac{\Delta P}{\rho g} + h_{l1-2} = C_1^2 \left(\frac{\Delta P}{\rho g} \right) \tag{2.3}$$

将式(2.3)重新带入原式(2.1)，即可计算得孔洞中流出的液体平均流速为：

$$\bar{u} = C_1 \sqrt{\alpha} \sqrt{\frac{2P_g}{\rho}} \tag{2.4}$$

定义新的流出系数 C_0 为：

$$C_0 = C_1 \sqrt{\alpha} \tag{2.5}$$

C_0 是雷诺数和孔洞直径的复杂函数,为一指导性数据:

①对锋利的孔洞和雷诺数 $Re > 30\,000$,$C_0 = 0.61$,基本上与孔径无关;

②圆滑外形喷嘴,$C_0 = 1$;

③与容器连接的短管($L/D > 3$),$C_0 = 0.81$;

④C_0 未知时,取 1,释放泄漏量最大。

即有孔洞中液体流出速率为:

$$\bar{u} = C_0 \sqrt{\frac{2P_g}{\rho}} \tag{2.6}$$

若孔洞面积 A 已知,则质量流量为:

$$Q_m = \rho \bar{u} A = A C_0 \sqrt{2 \rho P_g} \tag{2.7}$$

上述源模型适用于充满介质的管道和连续操作过程中的存储容器。

2)液体通过储罐孔洞的泄漏过程

对液体通过储罐孔洞泄漏模型提出的近似假设如下:

①孔洞在液面以下 h_L 处形成,液体经此小孔流出;

②无轴功,过程单元表压为 P_g,外部为大气压,故 $\Delta P = P_g$,储罐中液体流速近似为 0;

③不可压缩流体;

④没有液体补充储罐,高差不可以忽略(高差是一直变化的,所以质量速率是瞬时的速率)。

根据此假设即有:

$$\frac{\Delta P}{\rho g} + \Delta Z + h_{l1-2} = C_1^2 \left(\frac{\Delta P}{\rho g} + \Delta Z \right) \tag{2.8}$$

$$\bar{u} = C_1 \sqrt{\alpha} \sqrt{2 \left(\frac{P_g}{\rho} + g h_L \right)} \tag{2.9}$$

同样定义新的流出系数 C_0,则孔洞中流出液体的瞬时流速为:

$$\bar{u} = C_0 \sqrt{2 \left(\frac{P_g}{\rho} + g h_L \right)} \tag{2.10}$$

对于孔洞面积 A,瞬时质量流量为:

$$Q_m = \rho \bar{u} A = A C_0 \sqrt{2 (\rho P_g + \rho g h_L)} \tag{2.11}$$

3)液体通过管道泄漏

液体通过管道泄漏同样符合方程(2.12):

$$\int \frac{\mathrm{d}P}{\rho g} + \Delta \left(\frac{\bar{u}^2}{2 \alpha g} \right) + \Delta Z + h_{l1-2} = -\frac{W_s}{q_m g} \tag{2.12}$$

其中 h_{l1-2} 为 P_1 处到泄漏处的阻力损失项,液体通过管道泄漏时可表示为:

$$h_{l1-2} = K_f \left(\frac{u^2}{2g} \right) \tag{2.13}$$

$$K_f = \frac{4fL}{D} \tag{2.14}$$

式中 K_f——阻力系数;

D——管道内径,m;

f——范宁摩擦系数。

对于层流,范宁摩擦系数由下式给出:

$$f = \frac{16}{Re} \tag{2.15}$$

对于湍流,由 Colebrook 方程表示:

$$\frac{1}{\sqrt{f}} = -4\log\left(\frac{1}{3.7} \frac{\varepsilon}{D} + \frac{1.255}{Re\sqrt{f}} \right) \tag{2.16}$$

可解方程求出其平均流速,得到其质量流量:

$$Q_m = \rho \bar{u} A \tag{2.17}$$

通过管道的液体泄漏,快速估算时,可按式(2.18)计算:

$$Q_m = 0.68D^2 \sqrt{\rho P_l} \tag{2.18}$$

式中 Q_m——液体质量流量,kg/s;

ρ——液体密度,kg/m³;

P_l——管道内液体压力,Pa。

2.2.2 气体泄漏

气态燃气的泄漏量可通过伯努利方程推导得到。不过由于燃气管道多为埋地的,而埋地管道的外部环境较为复杂,很难建立准确的泄漏模型并计算泄漏量。本节介绍的泄漏模型适用于燃气直接向大气环境中泄漏的情况,例如架空天然气管道泄漏或第三方破坏导致埋地管道暴露到地面的泄漏等情况,主要包括小孔模型、管道模型和小孔-管道综合模型。

1)小孔模型

小孔模型是指天然气管道发生泄漏孔径较小的泄漏时计算天然气泄漏量所采用的模型。该模型假设气体为理想气体,且泄漏为无摩擦绝热过程,流体流动满足一元流体伯努利方程。

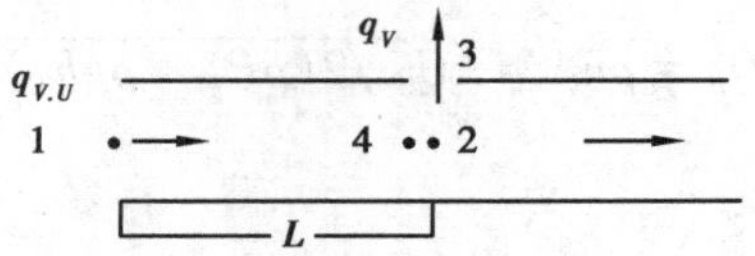

图 2.2 小孔泄漏模型

图 2.2 中点 1 为管道起点;点 2 为泄漏口入口点;点 3 为泄漏口出口截面上的点;点 4 为点 2 上游附近的某点;L 为泄漏点至管道起点的距离,m;$q_{v,U}$ 为泄漏点上游管道体积流量,m³/h;q_v 为泄漏体积流量,m³/h。

$$\frac{\mathrm{d}p}{\rho} + v\mathrm{d}v = 0 \tag{2.19}$$

$$\frac{p}{\rho^{\kappa}} = C_1 \tag{2.20}$$

$$\frac{p}{\rho} = R_{con}T \tag{2.21}$$

得到点 2 和点 3 处的参数关系：

$$\frac{v_3^2}{2} - \frac{v_{2,L}^2}{2} = \frac{\kappa}{\kappa - 1}R_{con}T_2\left[1 - \left(\frac{p_3}{p_2}\right)^{\frac{\kappa-1}{\kappa}}\right] \tag{2.22}$$

式中　κ——气体绝热指数（也称比热比），双原子气体取 1.4，多原子气体取 1.29，单原子气体取 1.66；

R_{con}——气体常数，8.314 4 J/(mol·K)；

T——气体的温度，K；

p——气体的压力，Pa；

v——气体的速度，m/s；

v_3——点 3 的燃气断面平均流速，即为燃气的泄漏出口流速，m/s；

$v_{2,L}$——点 2 沿管道泄漏口轴线方向的流速，m/s；

T_2——点 2 处的燃气温度，K；

p_2,p_3——点 2,3 处的绝对压力，Pa。

其中有：

$$\frac{p_3}{p_2} = \begin{cases} \dfrac{p_3}{p_2} & \dfrac{p_a}{p_3} > \left(\dfrac{2}{\kappa+1}\right)^{\frac{\kappa}{\kappa-1}} \\ \left(\dfrac{2}{\kappa+1}\right)^{\frac{\kappa}{\kappa-1}} & \dfrac{p_a}{p_3} \leqslant \left(\dfrac{2}{\kappa+1}\right)^{\frac{\kappa}{\kappa-1}} \end{cases} \tag{2.23}$$

管内流速 v_2 与泄漏流速相比可忽略，即取 $v_2 = 0$，即气体亚音速流动时：

$$v_3 = \sqrt{\frac{2\kappa}{\kappa-1}R_{con}T_2\left[1 - \left(\frac{p_3}{p_2}\right)^{\frac{\kappa-1}{\kappa}}\right]} \tag{2.24a}$$

气体音速流动时：

$$v_3 = \sqrt{\frac{2\kappa}{\kappa+1}R_{con}T_2} \tag{2.24b}$$

气体质量流量为：

$$q_m = 0.25\mu\pi\mathrm{d}^2\rho_3 v_3 \tag{2.25}$$

式中　q_m——泄漏质量流量，kg/s；

μ——流量系数，可取 0.90~0.98；

ρ_3——点 3 处的燃气密度，kg/m³。

又有：

$$\frac{p}{\rho} = R_{con}T \tag{2.26}$$

不规则孔口当量直径按下式计算：

$$D = \sqrt{\frac{4A_j}{\pi}}$$ (2.27)

式中　A_j——泄漏孔口面积，m^2。

所以气体亚音速泄漏质量流量公式为：

$$q_m = 0.25\mu\pi d^2 \frac{p_2}{\sqrt{R_{con}T_2}} \sqrt{\frac{2\kappa}{\kappa-1}\left[\left(\frac{p_a}{p_2}\right)^{\frac{2}{\kappa}} - \left(\frac{p_a}{p_2}\right)^{\frac{\kappa+1}{\kappa}}\right]}$$ (2.28)

式中　p_a——环境压力，Pa。

气体音速泄漏质量流量公式为：

$$q_m = 0.25\mu\pi d^2 \frac{p_2}{\sqrt{R_{con}T_2}} \sqrt{\frac{2\kappa}{\kappa+1}\left(\frac{2}{\kappa+1}\right)^{\frac{2}{\kappa-1}}}$$ (2.29)

式中　d——泄漏孔口当量直径，m。

2) 管道模型

管道模型指燃气管道发生全截面断裂或者泄漏孔径与管径接近相等时计算天然气泄漏量所采用的模型。此时管内气体状态与大气环境状态相同，即泄漏当量直径等于管道内径，点 2 即为管道末端，点 2 和点 3 重合，管道泄漏流量等于管输流量，此时可按管道非等温水力计算公式来计算管道流量，以确定管道模型泄漏的质量流量。

$$p_1^{\frac{n+1}{n}} - p_2^{\frac{n+1}{n}} = \frac{16(n+1)q_m^2}{n\,\pi^2 D^4} p_1^{\frac{1-n}{n}} R_{con} T_1 \left(\frac{\lambda L}{2D} + \frac{1}{n}\ln\frac{p_1}{p_2}\right)$$ (2.30)

式中　p_1——气体压力，Pa；

　　　p_2——环境压力，Pa；

　　　n——多变指数，无量纲，数值处于 1 和绝热指数 κ 之间（当泄漏口距离上游调压器距离长、压力低、流速低时可视为等温过程，n 取 1，当泄漏口距离上游调压器距离短、压力高、流速非常大时，可视为绝热过程，n 取 κ）；

　　　D——管道内径，m；

　　　q_m——气体的泄漏流量，kg/s；

　　　T_1——气体的温度，K；

　　　λ——管道的摩擦阻力系数；

　　　L——管道的计算长度，m。

3) 小孔—管道综合模型

在实际工程中，特别是由于施工开挖导致的断裂，泄漏口既不是小孔也不是完全断裂，因此用以上两种模型都不准确。管道—小孔综合模型是将管道模型和小孔模型联立求解泄漏流量。

【例】调压器出口 0.4 MPa，DN200，距离调压器 1 000 m 泄漏，求泄漏流量与泄漏口当量直径的关系。

计算结果如图 2.3 所示。可明显看出小孔模型在泄漏口当量直接超过 50 mm 之后准确性逐渐变差,因而不再适用。

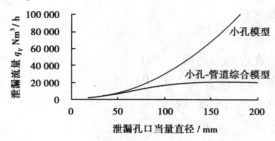

图 2.3 小孔模型与小孔—管道综合模型结果对比

2.2.3 液化气体泄漏

过热液体发生的泄漏有时会出现液、气两相流动,即液化气体泄漏,也称为两相流泄漏。其发生原因为过热受压液体在泄漏时,过热液体中所含的额外能量使部分液体发生闪蒸。包含在过热液体中的额外能量为:

$$E = mC_p(T_0 - T_b) \tag{2.31}$$

式中　E——过热液体的额外能量,J;

　　　m——初始液体质量,kg;

　　　C_p——定压比热容,J/(kg·K);

　　　T_0——初始温度,K;

　　　T_b——液体沸点,K。

该能量使液体蒸发,则蒸发的质量为:

$$m_v = \frac{E}{\Delta H_V} = \frac{mC_p(T_0 - T_b)}{\Delta H_V} \tag{2.32}$$

式中　m_v——蒸发的液体质量,kg;

　　　E——过热液体中的额外能量,J;

　　　ΔH_V——液体的蒸发热(即液体的质量焓),J/kg;

　　　m——初始液体质量,kg;

　　　C_p——定压比热容,J/(kg·K);

　　　T_0——初始温度,K;

　　　T_b——液体沸点,K。

液体的蒸发比例为:

$$f_v = \frac{m_v}{m} = \frac{C_p(T_0 - T_b)}{\Delta H_V} \tag{2.33}$$

即均匀液化气体泄漏的质量流量可按下式计算:

$$q_m = C_d A \sqrt{2\rho_m(p_m - p_C)} \tag{2.34}$$

$$\rho_m = \frac{1}{\dfrac{F_V}{\rho_g} + \dfrac{1 - F_V}{\rho_1}} \tag{2.35}$$

$$F_V = \min\left[1, \frac{C_p(T - T_b)}{\Delta H_V}\right] \tag{2.36}$$

式中　C_d——两相流泄漏系数；

　　　A——泄漏口面积，m^2；

　　　p_m——两相混合物在容器内的压力，Pa；

　　　p_C——临界压力，一般假设为 $0.55\,p_m$，Pa；

　　　ρ_m——两相混合物的平均密度，kg/m^3；

　　　ρ_g——液体蒸气的密度，kg/m^3；

　　　ρ_l——液体的密度，kg/m^3；

　　　F_V——闪蒸率，即蒸发的液体占液体总量的比例；

　　　C_p——两相混合物的定压比热容，$J/(kg \cdot K)$；

　　　T——液体的储存温度，K；

　　　T_b——液体在常压下的沸点，K；

　　　ΔH_V——液体的蒸发热（即液体的质量焓），J/kg。

当 $F_V \ll 1$ 时，可认为泄漏的液体不会发生闪蒸，此时泄漏量按液体泄漏式计算；泄漏出来的液体会在地面上蔓延，遇到防液堤而聚集形成液池。

当 $F_V < 1$ 时，泄漏量按两相流模型式计算。

当 $F_V = 1$ 时，泄漏出来的液体发生完全闪蒸，此时应按照气体泄漏式处理。

当 $F_V > 0.2$ 时，可以认为不会形成液池。

以上闪蒸方程基于假设从 T_0 到 T_b 的温度范围内液体的物理性质不变，没有此假设时更一般的表达式如下计算：

温度 T 的变化导致的液体质量 m 的变化为：

$$dm = \frac{mC_p}{\Delta H_V}dT \tag{2.37}$$

在初始温度 T_0（液体质量为 m）与最终沸点温度 T_b（液体质量为 $m-m_v$）的区间内，对方程（2.33）进行积分，得：

$$\int_m^{m-m_v} \frac{dm}{m} = \int_{T_0}^{T_b} \frac{C_p}{\Delta H_V}dT \tag{2.38}$$

$$\ln\left(\frac{m - m_v}{m}\right) = \frac{\overline{C_p}(T_0 - T_b)}{\overline{\Delta H_V}} \tag{2.39}$$

式中　$\overline{\Delta H_V}$——从 T_0 到 T_b 温度范围内的平均液体蒸发热，J/kg；

　　　$\overline{C_p}$——从 T_0 到 T_b 温度范围内的平均定压比热容，$J/(kg \cdot K)$。

液体蒸发比率计算如下：

$$f_v = 1 - \exp\left[\frac{-\overline{C_p}(T_0 - T_b)}{\Delta H_V}\right] \tag{2.40}$$

对于包含多种易混合物质的液体，闪蒸计算非常复杂，这是由于更易挥发组分首先发生闪蒸。求解这类问题的方法很多。由于存在两相流情况,通过孔洞和管道泄漏出的闪蒸液体需要特殊考虑,即有几个特殊的情况需要考虑。如果泄漏的流程长度很短,例如通过薄壁容器上的孔洞,则存在不平衡条件,以及液体没有时间在孔洞内闪蒸,液体在孔洞外闪蒸,应使用描述不可压缩流体通过孔洞流出的方程。如果泄漏的流程长度大于 10 cm(通过管道或厚壁容器),那么就能达到平衡闪蒸条件,且流动是塞流。可假设塞压与闪蒸液体的饱和蒸气压相等,结果仅适用于储存在高于其饱和蒸气压环境下的液体。在此假设下,泄漏速率如下:

$$Q_m = AC_0 \sqrt{2\rho_f (P - P_{sat})} \tag{2.41}$$

式中 Q_m——泄漏质量速率,kg/s;

A——泄漏口面积,m^2;

C_0——流出系数,无量纲;

ρ_f——液体密度,kg/m^3;

P——容器内压力,Pa;

P_{sat}——闪蒸液体处于周围环境温度情况下的饱和蒸气压,Pa。

对储存在其饱和蒸气压下的液体,即当 $P = P_{sat}$ 时,方程(2.41)不再有效,需更详细地计算,考虑初始静止的液体加速通过孔洞。假设动能为主要影响因素,忽略潜能,根据机械能守恒方程(2.1),引入比容 $v = 1/\rho$,可得:

$$-\int_1^2 v\mathrm{d}P = \frac{\bar{u}_2^2}{2} \tag{2.42}$$

式中 v——比容,m^3/kg;

$\bar{u}_2$——泄漏流出点的平均流速,m/s。

质量通量的定义为:

$$Q_m = \rho\bar{u} = \frac{\bar{u}}{v} \tag{2.43}$$

联立方程(2.42)和方程(2.43),假设泄漏质量速率是常数,得到:

$$-\int_1^2 v\mathrm{d}P = \frac{\bar{u}_2^2}{2} = \frac{Q_m^2 v_2^2}{2} \tag{2.44}$$

式中 v_2——泄漏流出点的比容,m^3/kg。

求解泄漏质量速率 Q_m,假设点 2 被定义为沿管长的任意一点,得到:

$$Q_m = \frac{\sqrt{-2\int v\mathrm{d}P}}{v} \tag{2.45}$$

方程(2.45)包含有一个最大值,在该处塞流发生。塞流情况下,$\mathrm{d}G/\mathrm{d}P = 0$,对方程进行微分并将结果设为 0,得到:

$$\frac{\mathrm{d}Q_m}{\mathrm{d}P} = 0 = -\frac{(\mathrm{d}v/\mathrm{d}P)}{v^2}\sqrt{-2\int v\mathrm{d}P} - \frac{1}{\sqrt{-2\int v\mathrm{d}P}} \tag{2.46}$$

$$0 = -\frac{Q_m(\mathrm{d}v/\mathrm{d}P)}{v} - \frac{1}{vQ_m} \tag{2.47}$$

再求解方程(2.47)中的 Q_m,可以得到:

$$G_m = \frac{Q_m}{A} = \sqrt{-\frac{1}{(\mathrm{d}v/\mathrm{d}P)}} \qquad (2.48)$$

式中　G_m——泄漏速率,kg/(m²·s);

　　　Q_m——泄漏质量速率,kg/s;

　　　A——泄漏面积,m²。

两相流的比容为:

$$v = v_{\mathrm{fg}} f_{\mathrm{v}} + v_{\mathrm{f}} \qquad (2.49)$$

式中　v——两相流比容,m³/kg;

　　　v_{fg}——蒸气和液体之间的比容差,m³/kg;

　　　v_{f}——液体的比容,m³/kg;

　　　f_{v}——蒸气质量比率,无量纲。

方程(2.49)对压力进行微分,得到:

$$\frac{\mathrm{d}v}{\mathrm{d}P} = v_{\mathrm{fg}} \frac{\mathrm{d}f_{\mathrm{v}}}{\mathrm{d}P} \qquad (2.50)$$

$$\mathrm{d}f_{\mathrm{v}} = -\frac{C_p}{\Delta H_{\mathrm{V}}} \mathrm{d}T \qquad (2.51)$$

式中　ΔH_{V}——液体的蒸发热,J/kg;

　　　C_p——定压比热容,J/(kg·K);

　　　T——温度,K。

由克劳修斯-克拉佩龙方程,在饱和状态下:

$$\frac{\mathrm{d}P}{\mathrm{d}T} = \frac{\Delta H_{\mathrm{V}}}{T v_{\mathrm{fg}}} \qquad (2.52)$$

将方程(2.50)和方程(2.51)代入方程(2.52)中,得到:

$$\frac{\mathrm{d}v}{\mathrm{d}P} = -\frac{v_{\mathrm{fg}}^2}{\Delta H_{\mathrm{V}}^2} T C_p \qquad (2.53)$$

联立方程(2.52)和方程(2.53),可解得泄漏质量流速:

$$Q_m = \frac{\Delta H_{\mathrm{V}} A}{v_{\mathrm{fg}}} \sqrt{\frac{1}{T C_p}} \qquad (2.54)$$

式中　Q_m——泄漏质量流量,kg/s。

方程(2.54)中温度 T 为克劳修斯-克拉佩龙方程的热力学温度,与热容无关。闪蒸蒸气喷射会形成一些小液滴,这些液滴很容易被风带走,离开泄漏发生处,因此,经常假设所形成液滴的量和闪蒸的量相同。

值得注意的是:以上计算公式都是计算介质从管道或设备直接泄漏到大气中,对于埋地管道或埋地设备,燃气从管道或设备泄漏后经过土壤渗透并泄漏到大气中时,应按照渗透泄漏来处理,由于土壤渗透性的差异很大,计算比较复杂。即便如此,上述公式仍可以用于燃气泄漏量的估算,其计算结果偏大。

2.3 燃气扩散模型

周边环境和气候条件有极大的关系。泄漏燃气温度、密度与大气温度、密度的差异及风速和泄漏现场各类障碍物的存在,使泄漏燃气扩散模拟变得十分复杂。

2.3.1 泄漏液体的蒸发

1) 闪蒸

液体燃气(如液化天然气、液化石油气)的沸点通常低于环境温度,当液态燃气从压力容器中泄漏出来时,由于压力突减,液态燃气会突然蒸发,称为闪蒸。闪蒸的蒸发速度由下式计算:

$$q_{t_1} = \frac{F_V m}{t} \tag{2.55}$$

式中　F_V——闪蒸率;

　　　m——泄漏的液态燃气的总量,kg;

　　　t——液态燃气的闪蒸时间,s;

　　　q_{t_1}——液态燃气的闪蒸速度(即液体闪蒸的质量流量),kg/s。

2) 热量蒸发

如果闪蒸不完全,即 $F_V < 1$ 时,则发生热量蒸发,热量蒸发时液体的蒸发速度(即液体闪蒸的质量流量)为:

$$q_{t_2} = \frac{\lambda A_t (T_0 - T_b)}{\Delta H \sqrt{\pi \alpha t}} + \frac{\lambda}{\Delta H_V} Nu \frac{A_t}{l} (T_0 - T_b) \tag{2.56}$$

式中　A_t——液池面积,m²;

　　　T_0——环境温度,K;

　　　T_b——液体沸点,K;

　　　l——液池的长度,m;

　　　α——热扩散率,m²/s;

　　　λ——导热系数,J/(m·s·K);

　　　t——蒸发时间,s;

　　　Nu——努塞尔数。

α 和 λ 的值,见表2.1。

表 2.1　式(2.56)中的 α 和 λ 的取值

地面情况	$\lambda/\mathrm{J} \cdot (\mathrm{m} \cdot \mathrm{s} \cdot \mathrm{K})^{-1}$	$\alpha/(10^7 \mathrm{m}^2 \cdot \mathrm{s}^{-1})$
水　泥	1.1	1.29

续表

地面情况	$\lambda/\text{J}\cdot(\text{m}\cdot\text{s}\cdot\text{K})^{-1}$	$\alpha/(10^7\text{m}^2\cdot\text{s}^{-1})$
地面(8%水)	0.9	4.3
干涸土地	0.3	2.3
湿　地	0.6	3.3
沙砾地	2.5	1.1

3)质量蒸发

当地面向液体传热减少时,热量蒸发逐渐减弱;当地面传热停止时,由于液体分子的迁移作用使液体蒸发。这种场合液体的质量蒸发速度为:

$$q_{l_3} = \alpha_l Sh \frac{A}{l} \rho_l \qquad (2.57)$$

式中　α_l——分子扩散系数,m^2/s;

　　　Sh——宣乌特(Sherwood)数;

　　　A——液池的面积,m^2;

　　　l——液池的长度,m;

　　　ρ_l——液体的密度,kg/m^3;

　　　q_{l_3}——质量蒸发速度,kg/s。

由于泄漏液体的物质性质不同,并非每种液体都包含这 3 种蒸发,有些过热液体通过闪蒸或者热量蒸发完成气化。

2.3.2　射流扩散

燃气从压力管道或压力容器直接泄漏到大气中时,通常会在泄漏源附近形成紊流气体射流。因此燃气在泄漏口附近的浓度、速度分布可用气体射流模型计算。燃气泄漏到宽敞空间可采用自由射流模型,泄漏到密闭空间采用受限射流模型。这里仅讨论静止空气中的自由紊流射流模型。紊流自由射流的射流结构分为起始段和主体段,起始段始于泄漏孔口,设泄漏孔口面积内的速度均匀且等于泄漏速度 u_0,则:

$$u_0 = \frac{q_{mG}}{AC_{dg}\rho} \qquad (2.58)$$

式中　q_{mG}——燃气泄漏的质量流量,kg/s;

　　　A——泄漏孔面积,m^2;

　　　C_{dg}——气体泄漏流量系数;

　　　ρ——燃气密度,kg/m^3。

泄漏孔口之后,紊流气流不断卷吸空气,形成射流;边界层速度不断衰减,边界层厚度不断增加,浓度不断减少,到起始段末端只有中心一点的速度为 u_0;速度为 u_0 的区域为紊流核心,紊流核心内为纯燃气,边界层外为纯空气,边界层区为混合气体。起始段长度计算式为:

$$s_0 = \frac{0.67r_0}{a} \tag{2.59}$$

式中　r_0——泄漏孔口半径,对于非圆流出口当量半径 $r_0 = \frac{1}{2}\sqrt{\frac{4A}{\pi}}$;

　　　A——泄漏口面积;

　　　a——紊流结构系数,取 0.07~0.08。

圆断面射流的射流半径沿程变化规律为:

$$\frac{R}{r_0} = 3.4\left(\frac{as}{r_0} + 0.294\right) \tag{2.60}$$

式中　R——圆断面射流半径;

　　　s——截面到泄漏孔口的距离。

由于射流起始段的长度很小(泄漏孔口直径的 4 倍左右),因此只分析主体段的速度分布和浓度分布,主体段轴心速度 u_m 的沿程衰减公式为:

$$\frac{u_m}{u_0} = \frac{0.965}{\dfrac{as}{r_0} + 0.294} \tag{2.61}$$

C_m 的沿程衰减公式为:

$$\frac{C_m}{C_0} = \frac{0.7}{\dfrac{as}{r_0} + 0.294} \tag{2.62}$$

式中　C_0——泄漏孔口处燃气浓度(即燃气的体积分数),对于未混空气的燃气为 100%。

主体段截面上的浓度分布和速度分布的关系如下:

$$\frac{C}{C_m} = \sqrt{\frac{u}{u_m}} = 1 - \left(\frac{y}{R}\right)^{1.5} \tag{2.63}$$

式中　C——截面上距离轴线 y 处的浓度;

　　　u——截面上距离轴线 y 处的速度;

　　　y——射流主体段某横截面上某处到轴心的距离。

当泄漏燃气与空气密度不相同时,由于重力和浮力的不平衡,射流会产生弯曲,射流可以看成轴心线弯曲的对称射流。

2.3.3　绝热扩散

闪蒸液体或加压气体瞬时释放时,假定该过程中泄漏物与周围环境之间没有热量交换,则该过程属于绝热扩散过程。泄漏气体(或液体闪蒸形成的蒸气)呈半球形向外扩散。根据浓度分析情况,把半球分成两层:内层浓度均匀分布,具有 50% 的泄漏量;外层浓度呈高斯分布,具有另外 50% 的泄漏量。绝热扩散过程分为两个阶段:首先气团向外扩散,压力达到大气压力;然后气团与周围空气掺混,范围扩大,当内层扩散速度 dR/dt 低到一定程度时(假设为 1 m/s),认为扩散过程结束。

随着时间的推移,气团内层半径 R_1 和浓度 C 的变化有如下规律:

$$R_1 = 1.36\sqrt{4K_d t} \tag{2.64}$$

$$C = \frac{0.047\,8V_0}{\sqrt{(4K_d t)^3}} \tag{2.65}$$

式中　t——扩散时间,s;

　　　V_0——标准状态下气体体积,m^3;

　　　K_d——紊流扩散系数。其计算公式为:

$$K_d = 0.013\,7\sqrt[3]{V_0}\sqrt{E}\left(\frac{\sqrt[3]{V_0}}{t\sqrt{E}}\right)^{\frac{1}{3}} \tag{2.66}$$

式中　E——扩散能。其计算公式如下:

①气体泄漏气团的扩散能:

$$E = c_v(T_1 - T_2) - p_0(V_2 - V_1) \tag{2.67}$$

式中　c_v——全体的定容比热容,$J/(kg \cdot K)$;

　　　p_0——环境压力,Pa;

　　　T_1——气团初始温度,K;

　　　T_2——气团压力降低到大气压力时的温度,K;

　　　V_1——气团初始体积,m^3;

　　　V_2——气团压力降低到大气压力时的体积,m^3。

②液体泄漏闪蒸蒸气团的扩散能:

$$E = H_1 - H_2 - (p - p_0)V_1 - T_b(s_1 - s_2) \tag{2.68}$$

式中　H_1——泄漏液体的初始质量焓,J/kg;

　　　H_2——泄漏液体的最终质量焓,J/kg;

　　　p——初始压力,Pa;

　　　p_0——环境压力,Pa;

　　　V_1——初始体积,m^3;

　　　T_b——液体的沸点,K;

　　　s_1——液体蒸发前的质量熵,$J/(kg \cdot K)$;

　　　s_2——液体蒸发后的质量熵,$J/(kg \cdot K)$。

2.3.4　中性浮力气体扩散

　　燃气泄漏在泄漏源附近形成气团,气团在大气中的扩散通常采用高斯模型。高斯模型包括高斯烟羽模型和高斯烟团模型两种。连续泄漏时采用高斯烟羽模型,瞬时泄漏时采用高斯烟团模型。

　　高斯模型有如下假设:①定常态;②不考虑重力及浮力的作用,不发生化学反应;③扩散气体到达地面完全反射,没有任何吸收;④平均风速不小于1 m/s(静风时风速取1 m/s);⑤坐标系 x 轴方向与流动方向相同,y 方向和 z 方向(垂直方向)的流动分速度为0;⑥扩散气体的性质与空气相同;⑦地面水平。

（1）高斯烟羽模型的密度分布计算式

$$C(x,y,z,H) = \frac{q_m}{2\pi\bar{u}\sigma_y\sigma_z}\exp\left[-\frac{1}{2}\left(\frac{y}{\sigma_y}\right)^2\right]\left\{\exp\left[-\frac{1}{2}\left(\frac{z-H}{\sigma_z}\right)^2\right] + \exp\left[-\frac{1}{2}\left(\frac{z+H}{\sigma_z}\right)^2\right]\right\}$$

$$(2.69)$$

式中　$C(x,y,z,H)$——扩散气体在点(x,y,z)处的密度，kg/m^3；

q_m——泄放质量流量，kg/s；

H——有效源高，即泄漏源在内压作用下达到的射流高度，m；

$\bar{u}$——平均风速，m/s；

σ_y,σ_z——y,z方向的扩散系数（高斯分布的标准差），m。

高斯烟羽模型的适应范围为：泄漏气体相对密度小于及接近 1 的连续泄漏。

（2）高斯烟团模型的密度分布计算式

$$C(x,y,z,t) = \frac{Q}{\sqrt{2}\,\pi^{\frac{3}{2}}\sigma_x\sigma_y\sigma_z}\exp\left[-\frac{(x-\bar{u}t)}{2\sigma_x^2}-\frac{y^2}{2\sigma_y^2}-\frac{z^2}{2\sigma_z^2}\right]$$

$$(2.70)$$

式中　$C(x,y,z,t)$——扩散气团在点(x,y,z)和在时间t时的密度，kg/m^3；

Q——瞬时泄放的燃气质量，kg；

σ_x——x方向扩散参数，m。

扩散参数与大气稳定度、风速、太阳辐射等级及地表有效粗糙度 Z_0 等因素有关，可实测或由经验公式确定。大气稳定度由不稳定到稳定分为 A～F 六类，A，B 为不稳定，C，D 为中等，E，F 为稳定，其划分见表 2.2。地表有效粗糙度 Z_0 的取值见表 2.3。

表 2.2　大气稳定度等级的划分

风速 /(m·s⁻¹)	白天的辐射强度			夜晚的云团覆盖	
	强	中	弱	多云	晴、少云
<2	A	A～B	C	—	—
2～3	A～B	B	C	E	F
3～5	B	B～C	C	D	E
5～6	C	C～D	D	D	D
>6	C	D	D	D	D

表 2.3　地表有效粗糙度

地面类型	Z_0/m
草原、平坦开阔地	≤0.1
农作物地区	0.1～0.3
村落、分散的树林	0.3～1
分散的高、矮建筑物	1～4
密集的高、矮建筑物	4

扩散参数可按下面的方法确定,当地表有效粗糙度小于 0.1 m 时,按表 2.4 计算;当地表有效粗糙度 Z_0 大于 0.1 m 时,扩散参数按下面的公式求取:

$$\sigma_y = \sigma_{y0} f_y$$
$$\sigma_z = \sigma_{z0} f_z$$
$$f_y(Z_0) = 1 + a_0 Z_0 \tag{2.71}$$
$$f_z(x, Z_0) = (b_0 - c_0 \ln x)(d_0 + e_0 \ln x)^{-1} Z_0^{f_0 - g_0 \ln x}$$

其中:$a_0, b_0, c_0, d_0, e_0, f_0, g_0$ 按表 2.4 取;σ_{y0}, σ_{z0} 为修正参数,按表 2.5 选取。

表 2.4　扩散参数计算

扩散参数 \ 稳定度	A	B	C	D	E	F
a_0	0.042	0.115	0.15	0.38	0.3	0.57
b_0	1.10	1.5	1.49	2.53	2.4	2.913
c_0	0.036 4	0.045	0.018 2	0.13	0.11	0.094 4
d_0	0.436 4	0.853	0.87	0.55	0.86	0.753
e_0	0.05	0.012 8	0.010 46	0.042	0.016 82	0.022 8
f_0	0.027 3	0.156	0.089	0.35	0.27	0.29
g_0	0.024	0.013 6	0.007 1	0.03	0.022	0.023

表 2.5　修正参数的选取

稳定度 \ 修正参数	σ_{y0}/m	σ_{z0}/m
A	$0.22x(1+0.000\ 1x)^{-\frac{1}{2}}$	$0.20x$
B	$0.16x(1+0.000\ 1x)^{-\frac{1}{2}}$	$0.12x$
C	$0.11x(1+0.000\ 1x)^{-\frac{1}{2}}$	$0.08x(1+0.000\ 2x)^{\frac{1}{2}}$
D	$0.08x(1+0.000\ 1x)^{-\frac{1}{2}}$	$0.06x(1+0.001\ 5x)^{\frac{1}{2}}$
E	$0.06x(1+0.000\ 1x)^{-\frac{1}{2}}$	$0.03x(1+0.000\ 3x)^{-1}$
F	$0.04x(1+0.000\ 1x)^{-\frac{1}{2}}$	$0.016x(1+0.000\ 3x)^{-1}$

瞬时排放时,应考虑实际排放时间修正扩散参数,计算式如下:

$$\sigma_h^* = \sigma_h \left(\frac{t}{600}\right)^{0.2} \tag{2.72}$$

2.3.5　重气扩散

对于液化石油气等密度比空气大很多的气体泄漏,在重力作用下,高斯模型计算结果为泄漏燃气扩散速度快,泄漏源附近的浓度偏小。为了模拟重气扩散,研究人员开发了许多重气扩散模型,这里只介绍其中一种即箱式模型。箱式模型最早由 Van Uden 提出,对于瞬时重气释放,设重气云团初始体积为 V_0,初始高度为 H_0,初始半径为 R_0 的圆柱形箱,在重力作用下,气云下沉,半径增大,高度减小。该过程用方程描述为气云扩展速度:

$$U_f = \frac{dR}{dt} = \sqrt{\frac{gH(\rho - \rho_a)}{\rho_r}} \quad (2.73)$$

式中 ρ_a——空气密度;

ρ_r——参考密度,可取空气密度或气云—空气混合气体密度;

k——常数。

气云下沉的同时卷吸周围的空气,卷吸的空气质量随时间的变化为:

$$\frac{dm_a}{dt} = \rho_a(\pi R^2)U_c + \alpha^* \pi R H \rho_a \frac{dR}{dt} \quad (2.74)$$

式中 m_a——卷吸空气的质量,kg;

α^*——侧面卷吸常数;

U_c——顶部卷吸速率,它是理查森数(Ri)和纵向湍流速率 U_l 的函数:$U_c = \alpha' U_l Ri^{-1}$,其中 α' 为顶部卷吸速率常数。

随着气云卷吸空气,气云的温度随时间变化为:

$$\frac{dT}{dt} = \frac{\frac{dm_a}{dt}c_{pa}\Delta T_a + (\pi R^2)Q_c}{M_a c_{pa} + m c_p} \quad (2.75)$$

式中 T——气云内部温度,℃;

c_{pa}, c_p——空气、燃气的定压比热,J/(kg·K);

Q_c——云团加热速率,J/(s·m^2);

ΔT_a——云团与卷吸空气的温差,℃。

随着重气不断扩散,扩散的主要影响因素不再是气云重力,而是大气紊流扩散,此时高斯模型可应用于泄漏燃气扩散计算。

2.3.6 燃气扩散数值模拟概述

数值模拟是指采用计算流体力学方法,利用燃气泄漏的初始条件和边界条件,求解泄漏燃气运动的微分方程组,从而得出泄漏燃气的速度场和浓度场分布。数值模拟的优点在于可以求解任意特定场合的泄漏扩散,求解结果非常精确。目前进行直埋管道泄漏扩散的数值模拟研究,大多数都建立在一维或二维模型基础之上,数值模拟结果的准确性需要进一步提升。建立较为接近真实情况的三维管道泄漏模型,模拟泄漏后的浓度及泄漏量随时间演化的规律,分析土壤种类、管道压力、泄漏孔大小、管道埋深、泄漏孔朝向等参数变化对泄漏扩散的影响仍将是目前研究的重点。

随着 CFD 模拟的推广使用,结合数学模型和算法设计,可模拟出各种不同物理环境下的燃气在土壤中扩散的结果。数值模拟研究,方便改进,节省实验成本,可避免反复修改或拆装建成的实验台实体,是城市燃气管网在地下相邻空间泄漏扩散实验及土壤大气耦合泄漏扩散实验研究中的重要手段。但数值模拟与实验结合对比的研究较少,数值模拟模型的准确性有待考究。气体运动的计算流体力学分析过程比较复杂,有兴趣的读者可参看相关文献,本书不作更多介绍。

2.4　有毒燃气泄漏扩散的中毒效应

2.4.1　燃气中的有毒成分及危害

1)一氧化碳(CO)

CO 是多种人工燃气的主要组成部分,也是燃气不完全燃烧的产物。CO 是无色、无味、剧毒的气体,它与人体内血红蛋白的结合力是氧与血红蛋白结合力的 $200 \sim 300$ 倍,因此它能从氧合血红蛋白中取代氧成为碳氧血红蛋白,妨碍氧气(O_2)的补给,造成人体缺氧,引发内脏出血、水肿及坏死。

CO 中毒按照临床表现严重程度可分为轻度中毒、中度中毒和重度中毒。

①轻度中毒,血液中碳氧血红蛋白为 $10\% \sim 20\%$ 。表现为中毒的早期症状,头晕、眼花、剧烈头痛、耳鸣、恶心、呕吐、心悸、四肢无力,甚至短暂的昏厥。脱离中毒现场,吸入新鲜空气后,症状迅速消失。

②中度中毒,血液中碳氧血红蛋白占 $30\% \sim 40\%$ 。在轻型症状的基础上,可有多汗、烦躁、步态不稳,皮肤和黏膜呈樱桃红色,还会出现意识模糊,甚至昏迷。如及时抢救,能较快清醒,数日内恢复,一般无后遗症状。

③重度中毒,因发现时间过晚,吸入过多,或在短时间内吸入高浓度的一氧化碳,血液碳氧血红蛋白浓度常在 50% 以上。病人可能呈现深度昏迷,各种反射消失,大小便失禁,四肢厥冷,血压下降,所引起的昏迷可持续数小时,甚至几天,并常发心律失常、心肌损伤、脑水肿、肺水肿,皮肤、黏膜出现苍白或紫绀,如果不及时抢救,则很快死亡,经抢救苏醒后,仍有可能出现神经系统受损的症状。

2)硫化氢(H_2S)和二氧化硫(SO_2)

未经脱硫处理的天然气通常含有 H_2S 和 SO_2 ,经过处理的天然气和液化石油气也含有微量的 H_2S 和 SO_2 。

H_2S 是无色有特殊臭鸡蛋气味的气体。 H_2S 中毒的主要途径为吸入和接触(皮肤吸收)。 H_2S 急性中毒的主要症状为患者意识不清,过度呼吸迅速转向呼吸麻痹,并很快死亡;亚急性中毒的症状为患者出现头痛、胸部压迫感、乏力及眼、耳、鼻、咽黏膜灼痛,以及呼吸困难、咳嗽、胸痛等。慢性中毒一般为眼角膜的损伤,如瘙痒、疼痛、肿胀,或明显炎症、角膜糜烂。

SO_2 是无色有刺激性臭味气体,引起中毒的主要途径为吸入、皮肤接触。 SO_2 中毒的主要症状为慢性中毒,如出现食欲减退,以及鼻炎、喉炎、气管炎等。轻度中毒导致眼睛及咽喉部的刺激；中度中毒导致声音嘶哑，胸部压迫感及痛感，吞咽障碍、呕吐、眼结膜炎、支气管炎等；重度中毒导致呼吸困难、知觉障碍、气管炎、肺水肿，甚至死亡。

2.4.2 概率单位函数法中毒效应评估

有毒气体对人员的危害程度取决于毒气的性质、毒气的浓度以及人员与毒气接触的时间等因素。概率函数法是通过人们在一定时间接触某种有毒气体造成影响的概率来描述中毒效应。概率值 P_T 和伤亡百分数可以相互转换，它们之间的关系见表2.6。

表2.6 概率 P_T 与伤亡百分率之间的关系

百分率/%（个位值） \ 百分率/%（十位值） P_T	0	10	20	30	40	50	60	70	80	90
0	—	3.72	4.12	4.48	4.74	5.00	5.25	5.52	5.84	6.28
1	2.67	3.77	4.19	4.50	4.77	5.03	5.28	5.55	5.88	6.34
2	2.94	3.83	4.23	4.53	4.80	5.05	5.31	5.58	5.92	6.41
3	3.12	3.87	4.26	4.56	4.82	5.08	5.33	5.61	5.95	6.48
4	3.25	3.92	4.29	4.59	4.85	5.10	5.36	5.64	5.99	6.55
5	3.36	3.96	4.33	4.61	4.87	5.13	5.39	5.67	6.04	6.64
6	3.45	4.01	4.36	4.64	4.90	5.15	5.41	5.71	6.08	6.75
7	3.52	4.05	4.39	4.67	4.92	5.18	5.44	5.74	6.13	6.88
8	3.59	4.08	4.42	4.69	4.95	5.20	5.47	5.77	6.18	7.05
9	3.66	4.12	4.45	4.72	4.97	5.23	5.50	5.80	6.23	7.33

概率值 P_T 与有毒气体的种类有关，且是接触时间和毒气浓度的函数：

$$\left. \begin{array}{l} P_T = A + B \ln I_f \\ I_f = C^n t \end{array} \right\} \tag{2.76}$$

式中　P_T——概率值，是易感人员死亡的百分数的量度，其值为1%~10%；

　　　A, B, n——取决于有毒物质性质的常数，常见的有毒燃气成分气体和燃气燃烧产物气体的相关参数见表2.7；

　　　I_f——有毒物质载荷；

　　　C——接触有毒气体的体积分数，ppm；

　　　t——接触有毒气体的时间，min。

表 2.7　一些有毒气体物质性质常数

有毒气体名称	分子式	A	B	n
一氧化碳	CO	−37.980	3.700	1.00
硫化氢	H_2S	−31.420	3.008	1.43
二氧化硫	SO_2	−15.670	2.100	1.00
二氧化氮	NO_2	−13.790	1.400	2.00

当毒气浓度随时间而变化时,则毒物载荷用积分形式表示:

$$I_{\mathrm{f}} = \int C^n \mathrm{d}t \tag{2.77}$$

对某一指定距离,由于毒气的不断稀释,毒物浓度会随时间而改变,因而总的毒物载荷为:

$$I_{\mathrm{f}} = \sum_{i=1}^{m} (C_i^m t_i) \tag{2.78}$$

式中　C_i——指定距离内某一时间步内的体积流量;

　　　t_i——该时间步持续的时间;

　　　m——时间步的数目。

3

燃气火灾与爆炸

3.1 火灾与爆炸基本概念

燃烧是一种燃料(还原剂)和氧气(氧化剂)的氧化—还原反应,通常伴有光、烟、或火焰,并有热量的产生。燃烧是有条件的,它必须有可燃物、助燃物和火源这三个基本要素的相互作用才能发生。火是指具有一定温度和热量的能源,如火焰、火花等。当时间或空间上失去控制的燃烧造成灾害时,就称为火灾。

所有可导致压力急剧上升的事件均属于爆炸,如失控核反应、失控化学反应、高压容器破裂、炸药点燃、达到爆炸极限的粉尘和燃气的燃烧等。燃气爆炸是指预混可燃气体燃烧并导致压力快速上升的现象。按照爆炸场所封闭程度,燃气爆炸可分为密闭空间燃气爆炸、半密闭空间燃气爆炸和敞开空间燃气爆炸。爆炸时伴随而来的冲击波及火灾,会造成物体的破坏,如碎片飞散及烧灼等有害影响。

化学爆炸按照爆炸传播速率,爆炸可分为爆燃和爆轰。

(1)爆燃

爆燃是指爆炸性混合气体的火焰波以低于声速(亚音速,小于340 m/s)传播的燃烧过程。这种爆炸的破坏力较之爆轰的破坏力小,声响也较小。爆燃反应的能量通过热传导和分子扩散转移到未反应的混合物中。这些过程相对缓慢,反应峰的传播速度小于声速;压力峰在未反应气体中以声速移动并远离反应峰。

火焰前面未燃烧气体的速度是由燃烧产物的膨胀产生的。根据爆燃的定义,相对于火焰前方未燃烧气体的燃烧波以亚音速传播,即在未燃烧的气体中,燃烧速度 U 小于声速 C。在意外气体爆炸中,爆燃是火焰传播的常见方式。在这种模式下,火焰速度 S 的范围从 1 m/s 到 500~1 000 m/s,对应的爆炸压力在几 mbar 到几 bar 之间。

(2)爆轰

爆轰是指爆炸性混合气体的火焰波在管道内以高于声速传播的燃烧过程。其中,声速的绝对数值取决于介质,例如空气中的声速和氢气中的声速不一样。根据爆轰的定义,燃烧波相对于火焰前方未燃烧的气体以超音速传播,即在未燃烧的气体中,爆速大于声速,可描述为紧跟着火焰的冲击波冲击压缩加热气体并引发燃烧。

爆炸波定义为爆炸引起的空气波动。爆炸波包括声波压缩波、冲击波和稀薄波(稀疏波)。爆炸波的类型取决于爆炸中能量释放的方式和时间,以及与爆炸区域的距离。

气体中的激波定义为一种充分发育的大振幅压缩波,其密度、压力和粒子速度都发生了巨大变化,激波相对于激波前面的气体以超音速传播,即前面的气体不受激波干扰。冲击波的传播速度取决于冲击波上的压力比,压力越大,传播速度越快。

液体蒸气云爆炸是指当装有高蒸气压物质的容器失效时,由液体闪蒸引起的爆炸。如果释放的物质是燃料,液体蒸气云爆炸会导致非常大的火球。

3.1.1　热爆炸理论

热爆炸理论又称自燃理论,是关于系统内的化学反应放热与散热之间关系导致的热自动点火理论,可用于分析火焰传播。

假定火焰区由 2 个区域构成,如图 3.1 所示。

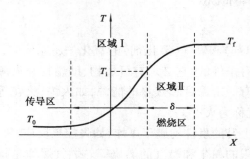

图 3.1　层流火焰温度分布

一个区为燃烧区,另一个区为传导区或预热区,火焰传播能维持的基本条件是从燃烧区内向预热区内的热流能够使预热区内的未燃气体达到着火温度,即:

$$\dot{m}c_p(T_i - T_0) = \frac{\lambda(T_f - T_i) \cdot A}{\delta} \tag{3.1}$$

式中　$\dot{m}$——进入火焰的未燃气体质量流率,kg/s;

c_p——未燃气体的定压比热,J/(kg·K);

T_i——着火温度,K;

T_0——环境温度,K;

T_f——火焰温度,K;

λ——反应区的导热系数,J/(m·s·K);

δ——反应区厚度,m。

如果是一维层流燃烧,则有:

$$\dot{m} = \rho A u = \rho S_L A \tag{3.2}$$

式中　ρ——气体密度,kg/m^3;

　　　A——火焰的横截面积,m^2;

　　　u——燃烧速度,m/s;

　　　S_L——层流火焰传播速度,m/s。

根据热爆炸理论可得关于火焰传播速度的数学表达式:

$$S_L = \frac{\lambda(T_f - T_i)}{\rho c_p (T_i - T_0)\delta} \tag{3.3}$$

3.1.2　燃烧速度

燃烧速度也称为正常火焰传播速度,表示燃气燃烧快慢,指火焰从垂直于燃烧火焰面向未燃气体方向的传播速度。在一定条件下,燃烧速度对于某种可燃气体为定值。常见的各种可燃气体的最大燃烧速度见表3.1。

燃烧速度应区分于可见火焰速度。可见火焰速度是未燃气体的流动速度与燃烧速度之和。已燃烧的气体因高温而使其体积膨胀,故可见火焰速度大都呈加速状态。同时,由于未燃气体的流动速度是变化的,所以可见火焰速度不是定值。若在管道或风洞中,可见的火焰速度则很大,其值在每秒数米到每秒数百米之间,当火焰进一步加速而转为爆轰时,速度可高达 1 800~2 000 m/s。

表 3.1　各种可燃气体与空气(氧气)混合物的最大燃烧速度

燃气种类	燃烧速度 /(cm·s⁻¹)	混合比 /%	燃气种类	燃烧速度 /(cm·s⁻¹)	混合比 /%
甲烷-空气	33.8	9.96	氢-空气	270	43.0
乙烷-空气	40.1	6.28	乙炔-空气	163	10.2
丙烷-空气	39.0	4.54	苯-空气	40.7	3.34
丁烷-空气	37.9	3.52	二硫化碳-空气	57.0	2.65
戊烷-空气	38.5	2.92	甲醇-空气	55.0	12.3
己烷-空气	38.5	2.51	甲烷-氧气	330	33.0
乙烯-空气	38.6	2.26	丙烷-氧气	360	15.1
一氧化碳-空气	45.0	51.0	一氧化碳-氧气	108	77.0
丙烯-空气	68.3	7.4	氢-氧气	890	70.0

3.1.3　理论氧含量与理论混合比

理论氧含量指可燃气体完全燃烧所必需的氧气量。所谓完全燃烧,则是指可燃气体在燃烧完成时,分子中的 C 完全生成 CO_2,H_2 则完全生成 H_2O。例如:

$$2H_2 + O_2 = 2H_2O \tag{3.4}$$

即:2 mol H_2 完全燃烧则需要 1 mol O_2,若按质量计算,1 kg H_2 需要 7.94 kg O_2。

当助燃气体为空气时,由于空气中 $\varphi(O_2)$ 为 21%,其余为 N_2 和稀有气体;那么,1 kg 的 H_2 完全燃烧则需 34.22 kg 空气。

可燃气体在空气中完全燃烧时的燃气与空气之比,通常用常温、常压下空气中可燃气体的体积分数表示,称之为理论混合比或化学当量比,或完全燃烧组分。

若可燃气体的分子式用 $C_n H_m O_\lambda F_k$ 来表示,燃烧反应方程式可表示为:

$$C_n H_m O_\lambda F_k + \left(n + \frac{m - k - 2\lambda}{4}\right) O_2 \longrightarrow n CO_2 + \frac{m - k}{2} H_2O + k HF \tag{3.5}$$

式中 n, m, λ, k——可燃气体中的 C,H,O 及卤族元素的原子数。

于是,理论混合比 C_{st} 可按下式计算:

$$C_{st} = \frac{1}{1 + 4.773\left(n + \dfrac{m - k - 2\lambda}{4}\right)} \times 100\% \tag{3.6}$$

3.1.4 爆炸界限

当空气中可燃气体的体积分数比理论混合比低时,燃烧生成物虽然相同,但燃烧速度变慢,直到某一体积分数以下火焰便不再传播。若可燃气体的体积分数比理论混合比高,可燃组分则不能完全氧化而产生不完全燃烧,生成一氧化碳(CO),此时燃烧速度亦会减慢,直到高于某一体积分数时火焰不再传播。像这样使得火焰不再传播的体积分数界限,称之为爆炸极限或燃烧极限。

因此,当可燃气体与空气或氧气(O_2)混合时,存在着因可燃气体的体积分数过高或过低而不发生火焰传播的体积分数界限。其中,体积分数较低的称为爆炸下限,体积分数较高的称为爆炸上限。上、下限之间称为爆炸界限,或称为燃烧界限、可燃界限。

爆炸界限受到混合气体的温度、压力的影响,不同的燃气种类具有不同的爆炸界限。一般常温、常压下不同可燃气体的爆炸界限可通过一定的方法测量出来。表 3.2 为常见气体及蒸气常温常压下在空气中的爆炸界限。

表 3.2 可燃气和可燃蒸气的爆炸界限(体积分数/%)

燃气种类	乙烷	乙烯	一氧化碳	甲烷	甲醇	戊烷	丙烷
爆炸下限	3.5	2.7	12.5	4.6	6.4	1.4	2.4
爆炸上限	15.1	34	74	14.2	37	7.8	8.5
燃气种类	丙烯	丁烷	焦炉煤气	发生炉煤气	高炉煤气	氢气	甲苯
爆炸下限	2.0	1.55	5.6	20.7	35.0	4.0	1.2
爆炸上限	11.1	8.5	30.4	74.0	74.0	76	7.0

3.1.5 烷烃碳氢化合物的爆炸界限规律

对烷烃化合物的大量测试表明,其爆炸界限具有一定的规律性。表 3.3 为烷烃系列碳氢化合物的爆炸界限测试结果。

由表 3.3 中的测试结果可以看出烷烃化合物的爆炸界限。若用标准状态①下每升空气中所含燃气的质量表示,则除 CH_4,C_2H_6,C_3H_8 外,烷烃化合物的爆炸下限均为 45~50。此外,还存在如下规律:

1)爆炸下限与燃烧热

爆炸下限的体积分数与燃气低位发热量的乘积也近似为一常数:

$$LQ_L = \text{const} = K \tag{3.7}$$

式中　L——燃气爆炸下限的体积分数,%;

　　　Q_L——燃气的低位发热量,kcal/mol。

表 3.3 所列出的数据,除 CH_4 外,K 的值均在 1 000~1 200。

表 3.3　烷烃化合物的爆炸界限

分子式	比重(空气为1)	C_{st} 体积 /%	Q_L /(kcal·mol^{-1})	空气中的爆炸下限			空气中的爆炸上限			K	$U_{25℃}$ /%
				$L_{25℃}$ /%	$\dfrac{L_{25℃}}{C_{st}}$	L /(mg·L^{-1})	$U_{25℃}$ /%	$\dfrac{U_{25℃}}{C_{st}}$	U /(mg·L^{-1})		
CH_4	0.55	9.48	191.8	5.0	0.53	38	15.0	1.6	126	959	14.7
C_2H_6	1.04	5.65	341.3	3.0	0.53	41	12.4	2.2	190	1 024	11.4
C_3H_8	1.52	4.02	488.5	2.1	0.52	42	9.5	2.4	210	1 025	9.6
C_4H_{10}	2.01	3.12	635.4	1.8	0.58	48	8.4	2.7	240	1 144	8.49
C_5H_{12}	2.49	2.55	782.0	1.4	0.55	46	7.8	3.1	270	1 094	7.63
C_6H_{14}	2.98	2.16	928.9	1.2	0.56	47	7.4	3.4	310	1 114	7.05
C_7H_{16}	3.46	1.87	1 075.8	1.05	0.56	47	6.7	3.6	320	1 129	6.57
C_8H_{18}	3.94	1.65	1 222.8	0.95①	0.58	49	—	—	—	1 161	—
C_9H_{20}	4.43	1.47	1 369.7	0.85②	0.58	49	—	—	—	1 164	—
$C_{10}H_{22}$	4.91	1.33	1 516.6	0.7	0.56	48	—	—	—	1 137	—
$C_{12}H_{26}$	5.88	1.12	1 810.5	0.6	0.54	46	—	—	—	1 086	—
$C_{14}H_{30}$	6.85	0.97	2 104.3	0.5	0.52	44	—	—	—	1 052	—

注:①表示 43 ℃时的测定值;②表示 53 ℃时的测定值。

2)爆炸界限与理论空气比

烷烃系列化合物的 L 与 C_{st} 之比近似为常数。

$$L = 0.55C_{st} \tag{3.8}$$

爆炸上限不遵循此规律,但据发现,爆炸上、下限之间存在如下关系:

$$U = 6.5\sqrt{L} \tag{3.9}$$

① 指温度为 25 ℃,大气压力为 101 325 Pa 时物质的状态为标准状态。

式中 U——爆炸上、下限比值。

混合气体的爆炸下限可通过一定的方法计算,而上限的计算结果与实际情况偏差较大,但可作为判断其趋势的依据,且实际上许多爆炸事故都不是在爆炸上限时发生的。

3)爆炸界限与温度和压力

可燃极限范围随着温度的增加而增加。

$$LFL_T = LFL_{25} - \frac{0.75}{\Delta H_C}(T - 25) \tag{3.10}$$

$$UFL_T = UFL_{25} + \frac{0.75}{\Delta H_C}(T - 25) \tag{3.11}$$

$$UFL_T = UFL + 20.6(\log P + 1) \tag{3.12}$$

式中 ΔH_C——燃烧净热值,kcal/mol;

T——温度,℃;

P——绝对压力,MPa。

压力对可燃下限影响很小,但压力很低时(绝对压力<50 mmHg)火焰不能传播;可燃上限随压力升高而显著增大。

3.1.6 燃烧温度

燃烧温度即燃料燃烧时生成的气态燃烧产物(烟气或炉气)所能到达的温度。在实际条件下燃烧温度与燃料种类、燃料成分(即发热量)、燃烧条件(指空气、煤气蓄热情况)以及传热条件等因素有关。总体来说燃烧温度主要取决于燃烧过程中的热平衡关系。如果收入的热量大于支出的热量则将反映出燃烧温度逐渐升高;反之则将反映出燃烧温度逐渐下降直到热平衡时燃烧温度才会稳定下来。由此看来燃烧温度实质上就是一定条件下由热平衡所决定的某种平衡温度。

理论燃烧温度又称绝热燃烧温度,表示某种燃料在某一燃烧条件下所能达到的最高温度。理论燃烧温度对于燃料和燃烧条件的选择、温度水平的估计和炉内换热计算都有实际意义。理论燃烧温度是假设燃料在绝热系统中且燃料均完全燃烧条件下燃烧产物所能达到的温度,没有传热损失和不完全燃烧热量损失。

绝热燃烧温度,也称"绝热火焰温度",是燃料在绝热条件下实现完全燃烧时燃烧产物所能达到的温度,其值可根据燃料的种类和对燃烧过程进行热平衡计算而确定。在大多数情况下,绝热燃烧温度总是低于理论燃烧温度而高于实际燃烧温度。热分解现象越轻微,绝热燃烧温度就越趋近于理论燃烧温度。

绝热火焰温度是一个表征混合物能量含量的参数,指燃料氧化剂在恒定压力下燃烧时获得的(最高)温度,没有热量损失(到墙壁、设备等),接近化学计量比(即空气中9.5%的甲烷)时将产生最大的绝热火焰温度。对于大多数碳氢化合物—空气混合物来说,这个最大值与甲烷相同,即大约2 000 ℃,如图3.2所示。

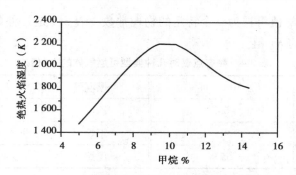

图 3.2　初始状态 1 atm 和 25 ℃时的绝热火焰温度

3.1.7　最大爆炸压力上升速度

常见燃气爆燃升压的峰值压力为 0.7~0.8 MPa,一般可视为不变。但爆燃的另一特性值,即压力上升的速度各不相同。由于压力上升速度定义为爆炸的压力-时间曲线上升段拐点上的斜率,等于压力差与时间差的商,它是衡量爆炸强度的标准,亦可认为是爆炸强度的特性值。压力的上升速度与许多因素有关。如果在容器的中心点燃可燃混合气体,则压力的上升速度为最大,如把点燃的位置移到容器的边缘,那么爆炸的火焰很快与温度较低的容器壁接触,燃烧速度降低,减少压力的上升速度,爆炸压力也会有所下降。在较大的密闭容器($v>$ 1 L)中心点燃位置上,以较大的浓度范围进行测试,可得到可燃混合气体的最佳爆炸特性值,如图 3.3 所示。最大爆炸特性值处于可燃混气化学计量比的组分范围内,当浓度向爆炸上、下限方向变化时,爆炸的特性值降低。

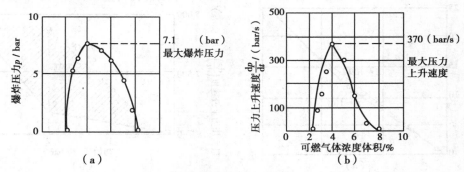

图 3.3　可燃混气爆炸的最大压力上升速度与容器容积的关系

容器的容积对燃气的爆炸特性有显著影响。在大小不一的容器中,丙烷爆炸所产生的最终压力虽然是相同的,但达到最大压力所需要的时间明显不同。在 20 m³ 容器中,反应的全过程要比小容器里的反应全过程多进行 0.5 s。

可燃混合气体爆炸的最大压力上升速度与容器容积的关系表示为:

$$\left(\frac{\mathrm{d}p}{\mathrm{d}t}\right)_{\max} \cdot V^{\frac{1}{3}} = KG = \mathrm{const} \tag{3.13}$$

式(3.13)称为三次方定律。该式在容器为圆筒形,长与直径之比不大于 2∶1,容积不小于 1 m³ 的条件下成立。

在下列条件下:可燃气体的最佳混合气体浓度相同;容器的形状相同;可燃混合气体的流

速相同;点火源相同,K_G 值可视为一个特定的物理常数。表 3.4 是几种典型的燃气-空气混合物在使用火花点燃时的 K_G 值。

表 3.4　静态点燃时几种典型可燃气体的 K_G 值

可燃混气	K_G(MPa·m/s)	可燃混气	K_G(MPa·m/s)
甲烷	6.4	乙烷	10.6
丙烷	9.5	丁烷	9.2
氢气	65.9	戊烷	10.4

注:点火能 10 J;最大爆炸压力 0.74 MPa。

可燃混气爆炸的最大压力上升速度与初始压力呈线性关系,如图 3.4 所示。图 3.4 说明初始压力和点燃能量对爆炸特性值的影响,最大爆炸压力基本与初始压力呈直线关系,与使用的点燃能量无关。然而,超过燃烧速度的起点是以曲线的"拐点"表示的,点燃能量对曲线拐点的位置有影响。点燃能量对 C_3H_8-空气混合物的爆炸强度的影响比初始压力对它的影响大,最大爆炸压力与初始压力之间实际上成正比。

实践证明,上述结果对于较大的容器也是适用的,目前为止,观察都是与长筒形状的容器有关。这种容器的直径与高度比(或反之)为(1:1)~(1:5)。在一个长形密闭容器的中心位置点燃,那么在燃烧过程的开始阶段,爆炸火焰呈球形传播,然后爆炸火焰很快沿轴向向容器内部移动,在这里将接触到预先压缩的可燃混合物,引起爆炸强度的上升,于是,爆炸过程出现震荡叠加。

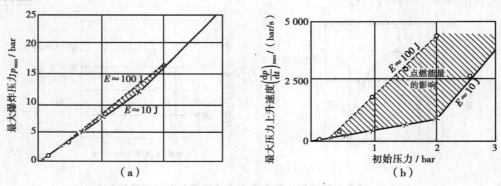

图 3.4　最大压力上升速度与初始压力的关系

3.2　混合气体着火过程

任何可燃混合气体即使在爆炸范围内,如果没有点火源则不能产生爆炸,可见,可燃混合气体的着火需要一定的条件。

3.2.1　温升着火

1)着火温度

热力学着火温度可以通过简单且精确的同心管法进行测定。如图 3.5 所示,A 是用二氧化硅(SiO$_2$)制作的电加热器,内径 12 cm,长 65 cm,支撑在钢制容器 D 中,上盖 E 上有热电偶 H 和气体出口 M,J 为玻璃孔,以便通过镜片观察内部情况。下盖 F 上有可燃气体入口 K 和空气入口 L,从 K 进入的气体在硅管 G 中加热,从容器的中心部分喷出。硅管的内径为 2 mm,外径为 4 mm,其上端位于容器的中心位置,该容器在整个大气压下能正常工作。

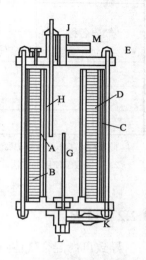

图 3.5　气体着火温度的测定装置

2)实际测定方法

①边使气体流入,边将温度上升到能产生火焰为止的方法。

②在容器内温度达到某一定值后,使气体流入并测定其达到着火点所需时间的方法。

在方法②中把着火后 0.5 s 所测定的着火温度称为瞬时着火温度。表 3.4 是利用这种方法测定的可燃气体在氧气和空气中的着火温度值。

由于着火温度随散热条件的不同而改变,故表 3.5 中所测得的数据并不能代表一些实际点火情况下的着火温度。例如,甲烷与空气在理论混合比时的气体自燃着火温度为540 ℃,但当加热面比较小时,如在大气中加热气体管道使其着火时,温度必须在 750 ℃ 以上,而用高温气体喷射使其着火时,则需要 1 000 ℃ 左右的温度。

表 3.5　各种气体的着火温度　　　　　　　　　　　（单位:℃）

气体名称	在氧气中		在空气中	
	着火温度①	着火温度②	着火温度①	着火温度②
H$_2$	625	585	630	585
CO	687[1],680[2]	650[3]	693[1],683[2]	651[3]
CH$_4$	664	556~700	722	650~750
C$_2$H$_6$	628	520~630	650	520~630
C$_3$H$_8$	—	490~570	—	—
C$_5$H$_{12}$	355	—	600	—
C$_2$H$_4$	604	510	627	513
C$_3$H$_6$	586	—	618	—
C$_2$H$_2$	—	428	435	429

续表

气体名称	在氧气中		在空气中	
	着火温度①	着火温度②	着火温度①	着火温度②
C_6H_6	685	—	710	—
CS_2	132	—	156	—
H_2S	—	227	—	364

注:1.(1)含$\varphi(H_2O)=0.63\%$的空气;(2)含$\varphi(H_2O)=2\%$的空气;(3)含$\varphi(H_2O)=5.3\%$的空气。

2.①,②表示使用的方法。

3.2.2 点火

导致可燃混合气体点燃的点火花,常见的有静电、压电陶瓷、电脉冲及电气机械造成的火花。其中,电脉冲、压电陶瓷常被用于需要点燃的场合;而静电及电气机械造成的火花引起的点燃大多出现在不需点燃的非常场合,爆炸的发生经常是由这类火花造成。

电火花之所以能点燃可燃混合气体,是因为两极间的可燃混合气体得到了点火花的能量而使其产生化学反应。此时存在着点火所必需的能量界限,该能量称之为最小点火能。最小点火能的大小随可燃混合气体的种类、组成、压力及温度等因素的变化而变化。图3.6和表3.6所示是一些主要的可燃混合气体在常温、常压下的最小点火能。

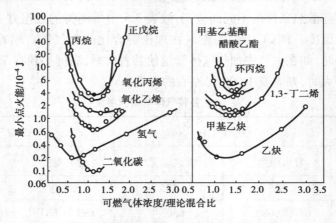

图3.6 可燃气体浓度与最小点火能的关系

表3.6 几种可燃混合气体的最小点火能

级 别	气体种类	分子式	体积分数/%	最小点火能/mJ
10⁻⁵ J 级	氢气	H_2	29.5	0.019
	乙炔	C_2H_2	7.73	0.019
	乙烯	C_2H_4	6.25	0.096

级 别	气体种类	分子式	体积分数/%	最小点火能/mJ
10^{-4} J 级	丙炔	C_3H_4	4.79	0.152
	1,3-丁二烯	$1,3\ C_4H_2$	3.67	0.170
	甲烷	CH_4	8.50	0.280
10^{-4} J 级	丙烯	C_3H_6	4.44	0.282
	乙烷	C_2H_6	6.00	0.310
	丙烷	C_3H_8	4.02	0.310
	正丁烷	正-C_4H_{10}	3.42	0.380
	苯	C_6H_6	2.71	0.55
	氨	NH_3	21.80	0.77
10^{-3} J 级	异辛烷	异-C8H18	1.65	1.35

最小点火能的测定原理如图 3.6 所示。

图中 A 为可变蓄电池,B 为装有爆炸性气体的容器,M 为电压表,G 为火花间隙。A 的电容量为 C,当以高压电流向 A 充电,其电压值达到 G 间气体的绝缘破坏电压 V_1 时,则在 G 间引起放电,若设放电的总量为 E,点火能的放电终结后 A 的电压为 V_2,那么:

$$E = \frac{1}{2}C(V_1 - V_2) \tag{3.14}$$

式中　C——电容,F;
　　　V——电压,V;
　　　E——能量,J。

在测定时,使 A 的容量连续变化,依次递减或递增,便可找到引起 B 点着火的临界值,此时的 E 值便是最小点火能。图 3.8 为最小点火能测试装置。

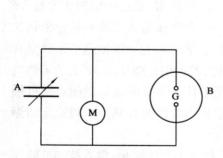

图 3.7　最小点火能测定原理

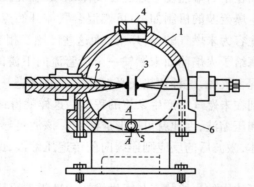

图 3.8　气体最小点火能量测试装置
1—球形容器;2—电板;3—极板;4—观察窗;5—进气口;6—底座

3.2.3 绝热压缩引起的点火

当气体被压缩时,热损失小,温度上升,即成为绝热压缩。绝热压缩时其温度变化按下式计算:

$$T_2 = T_1 \left(\frac{p_2}{p_1} \right)^{\frac{\kappa-1}{\kappa}} \tag{3.15}$$

式中　　T_1——气体的初始温度,K;

　　　　T_2——气体被压缩后的温度,K;

　　　　p_1——气体初始的绝对压力,Pa;

　　　　p_2——压缩后气体的绝对压力,Pa。

以空气为例,当初始条件为:$T_1 = 15$ ℃,$p_1 = 0.1$ MPa 时,根据计算可以得到当空气压力分别为 5,10,15,20 MPa 时,其绝热压缩后温度分别为 880,1 073,1 205,1 308 K。

3.3 燃气爆炸基本过程

预混可燃气体在大气中起火时,因为燃烧气体能自由地膨胀,火焰传播速度(燃烧速度)较慢,几乎不产生压力和爆炸声响,此情况可称为缓燃。而当燃烧速度很快时,将可能产生压力波和爆炸声,这种情形称之为爆燃。在密闭容器内的可燃混合气体一旦着火,火焰便在整个容器中迅速传播。使整个容器中充满高压气体,内部压力在短时间内急剧上升,形成爆炸。而当其内部压力超过初压 10 倍时,会产生爆轰。爆燃和爆轰的本质区别为爆燃为亚音速流动,而爆轰为超音速流动。以下实验可说明爆炸的形态变化。

一根装有可燃混合气体的管,一端或两端敞开。在敞开端点火时就能传播燃烧波,此波保持一定正常速度且不加速到爆轰波。这属于正常的火焰传播,也就是燃烧。

假如在密封端点燃可燃混合气体,形成燃烧波,但该燃烧波能加速变成爆轰波。燃烧波加速产生爆轰波的机制如下:可燃混合气体开始点燃时形成燃烧波,燃气缓燃所产生的燃烧产物的比容为未燃气的 5~15 倍,而这些已燃气相当于一个燃气活塞,通过产生的压缩波,该燃气活塞给予火焰前面未燃气一个沿管流向下游的速度。每个前面的压缩波必然能稍稍加热未燃混合气体,这种预热又必然使火焰速度进一步增加,于是也就进一步加速了未燃混合气体达到在未燃气中产生紊流的程度。这样就得到一个更大的火焰传播速度、更大的未燃气加速度和压缩波,因此就可以形成激波。该波足够强,以至于依靠本身的能量就能点燃可燃混合气体,激波后的反应则连续向前传递压缩波,此波能阻止激波锋的衰减并得到稳定的爆轰波。

爆轰波中的火焰状态与提供维持能量所需的其他火焰状态主要区别是:爆轰波的波峰通过压缩(不通过热-热、热-质扩散)引起化学反应,并且本身能自动维持下去。当一个平面激波穿过可爆的未燃混合气体时,由于压缩作用,它就连续不断地引起化学反应,而在该激波后面的火焰区就像前面一样紧接着持续下去。另外,这种火焰能在高度压缩并已预热的气体中燃烧,而且燃烧极快。激波能直接引起爆轰的开始,而其他点火源(开式火源、正常火花等)就不能引起爆轰。在用其他点火源起爆时,最初传播的火焰受链载体的缓慢扩散或热传导的控制。

扩散燃烧是可燃气体流入大气中后,在可燃气与助燃气体的接触面上所发生的燃烧。可燃气体从高压容器及其装置中泄漏喷出后产生的燃烧就是这种情况。其燃烧受可燃气体与空气或氧气之间的混合扩散速度支配。混合扩散速度越大,或气体的紊流越强烈,燃烧的速度也就越快。

4

燃气爆炸效应及其危害性评估

4.1 燃气火灾危害评估

4.1.1 池火与射流火

可燃物质按物态区分有气体、蒸气云和汽液两相流,可燃源按形态区分有射流火和池火,相关说明见液体蒸发率和射流扩散的浓度分布和速度分布(2.3.1 和 2.3.2 节)。射流池火的形态如图 4.1 所示。

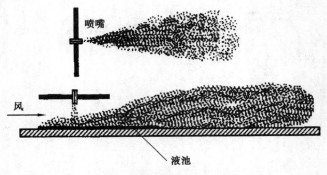

喷嘴

风

液池

图 4.1 射流池火的形态

1)池火

在对池火燃烧速度进行计算时所需参数有燃烧率水池大小、火焰的几何形状(包括高度和倾斜度)火焰表面的辐射热、相对于接收源的角度系数、大气透射率、接收的热通量、阻力、烟尘和烟雾。

燃烧速度计算公式如下:

$$W_b = W_\infty \cdot [1 - \exp(-k \cdot \beta \cdot D)] \tag{4.1}$$

式中　W_b——燃烧速度,kg/m²s;

　　　W_∞——D 趋于∞时的燃烧速度;

　　　k——火焰吸收消光系数,m⁻¹;

　　　β——平均光束长度校正系数。

这些参数可以在表 4.1 中查到。

表 4.1　池火燃烧速度计算参数

材　料	$W_\infty/(kg/m^2 s)$	$k \cdot \beta/(m^{-1})$	$k/(m^{-1})$	T_{ref}/K
液氢	0.169	6.1	—	1 600
LNG	0.078	1.1	0.5	1 500
LPG	0.099	1.4	0.4	—
甲烷	0.015	与直径无关	—	1 300
乙烷	0.015	与直径无关	0.4	1 490
丁烷	0.078	2.7	—	—
苯	0.085	2.7	4.0	1 460
正己烷	0.074	1.9	0.9	—
庚烷	0.101	1.1	—	—
二甲苯	0.09	1.4	—	—

对于表中未述的材料,则可以用如下公式计算其燃烧速度(Burgess 和 Hertzberg 在 1974 年提出):

$$W_b = C \cdot \frac{\Delta H_C}{\Delta H_V + c_p \cdot (T_b - T_a)} \tag{4.2}$$

式中　C——0.001 kg/m²s;

　　　ΔH_C——沸点时的燃烧热,J/kg;

　　　ΔH_V——汽化热,J/kg;

　　　c_p——液体的比热,J/kg·K;

　　　T_b——沸点,K;

　　　T_a——环境温度,K。

风速对燃烧速度的影响:

Babrauskas(1983)提出风速对反应速率的重要影响依据如下方程式来描述:

$$W_{bw} = W_b \times \left(1 + 0.15 \cdot \frac{u_w}{D_P}\right) \tag{4.3}$$

式中　u_w——10 m/s 以上的风速;

　　　D_P——液池直径。

燃烧速度 u_b(m/s)可用式表示:

$$u_b = \frac{W_b}{\rho_L} \tag{4.4}$$

式中 ρ_L——液体密度，kg/m^3。

以 5 m 直径的庚烷液池为例，环境温度 20 ℃，计算参数见表4.2。

表 4.2 庚烷液池计算参数

T_a /K	T_b /K	ΔH_C /(kJ/kg)	ΔH_v /(kJ/kg)	C_p /(J/kg·K)	W_∞ /(kg/ms²)	D /m	$k·\beta$ /(m⁻¹)	ρ_L /(kg/m³)
293.16	371.53	44.558	318	2.24	0.101	5	1.1	680

使用 Burgess & Zabetakis 方程：

$$W_b = W_\infty \cdot [1 - \exp(-k \cdot \beta \cdot D)] = 0.101 \cdot [1 - \exp(-1.1 \cdot 5)] = 0.100\ 6\ \text{kg/m}^2\text{s} \tag{4.5}$$

使用 Burgess & hertzberg 方程：

$$W_b = 0.001 \cdot \frac{44\ 558}{318 + 2.24 \cdot (371.53 - 293.16)} = 0.090\ \text{kg/m}^2\text{s} \tag{4.6}$$

使用 Burgess & Zabetakis 方程更适合大尺度的计算。

燃烧速度 u_b 可以由下式计算：

$$u_b = \frac{W_b}{\rho_L} = \frac{0.100\ 6}{680} \times 1\ 000 = 0.15\ \text{mm/s} \tag{4.7}$$

不同风速对应的燃烧速度，如图4.2所示。

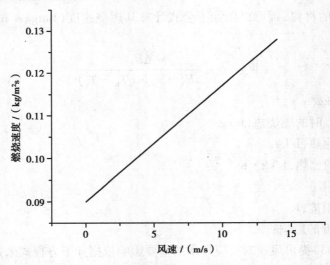

图 4.2 不同风速对应的燃烧速度

2) 射流火

加压气体或液化气体由泄漏口释放到非受限空间（自由空间）并立即被点燃，就会形成喷射火灾。这类火灾的燃烧速度快，火势迅猛，在火灾初期如能及时切断燃料源则较易扑灭，若燃烧时间延长,可能因为容器材料熔化而造成泄漏口扩大,导致火势迅速扩大,则较难扑救。很多情况下,喷射时会因容器破裂、摩擦或静电而产生火花进而点燃可燃物,特别是当喷射速度较大时。对于喷射火灾可能造成的火焰辐射危害的估算方法如下。

(1)前提条件

①将整个喷射火看成是在喷射火焰长度范围内,由沿喷射中心线的一系列点热源组成;

②每个点热源的热辐射通量相等;

③假定喷射火焰长度和未燃烧时的喷射长度近似相等。

(2)估算方法

①从气体喷射回收的模型得出射流中的速度、浓度分布;

②根据确定的喷射长度及点辐射源计算目标接受的辐射通量。

单个点热源的热辐射通量按下式计算:

$$\dot{q} = \frac{\eta Q_0 \Delta H_C}{n} \tag{4.8}$$

式中　$\dot{q}$——点热源辐射通量,W;

　　　η——效率因子,无量纲,保守可以取 0.35;

　　　Q_0——泄漏速度,kg/s;

　　　ΔH_C——燃烧热,J/kg;

　　　N——计算时取的点热源数,一般取 5。

射流轴线上某点热源 i 到距离该点 x_i 处的热辐射强度为:

$$l_i = \frac{\dot{q}\varepsilon}{4\pi x_i^2} \tag{4.9}$$

式中　l_i——点热源 i 到目标点 x 处的热辐射强度,W/m²;

　　　$\dot{q}$——点热源热辐射通量,W;

　　　x_i——点热源到目标点的距离,m;

　　　ε——发射率,取决于燃烧物质的性质,在喷射火灾中取 0.2。

某一目标点的入射热辐射强度等于喷射火全部点热源对目标的热辐射强度的总和,即

$$l = \sum_{i=1}^{n} l_i \tag{4.10}$$

随着泄漏源浓度降低,射流速度会不断降低,可燃气体在混合气云中的浓度也随之降低。点燃通常发生在泄漏一段时间,气云中的可燃气浓度降到可燃区间时才发生,通常是在泄漏发生 10~20 min 后。

响流体射流点火的主要参数有:液滴大小,这又与表面体积比有关,而表面体积比又制约着向液滴表面传递的空气量;液体蒸气压力,或体积温度;可燃液体的最小点火能量。这三个参数实际上是与许多其他变量相互关联的,这些变量影响着湍流射流点火过程。

甲烷气体射流火的火焰结构、火焰热辐射特性等受其气体流量、喷嘴口径等因素的影响,且环境风对气体射流火的影响也非常大。表面火焰相关参数与火焰流动状态密切相关,对于不同直径的射流火喷口,其出口特征流动参数在相同气体流率条件下也有所不同,研究人员表明,以气体为燃料的火焰和粒径在 10~20 μm 的喷雾的结构非常相似。对于碳氢化合物,

是否可采用经验法则取决于气体分子量存在的温度和蒸气压力,包括如下工况:喷射火焰压力在 2~10 par,平均为 4~5 par 时可以形成达到要求的液体粒径,或典型的条件指凝析油的压力超过 2 bar,又或轻质原油超过 7 bar,但质量流量低于 10 kg/s。对于一般流体,液滴特征可以遵循以下评估程序。

①液体射流雷诺数的计算方法为:

$$Re_L = \frac{\rho_L}{\mu_L} \tag{4.11}$$

②液体射流韦伯数的计算方法为:

$$We_L = \frac{2 \cdot \rho_L \cdot u_L^2 \cdot D_e}{\sigma_L} \tag{4.12}$$

其中,σ_L 指液体和蒸气之间的表面张力。

③在 $We_L < 10^6 \times Re_L^{-0.45}$,且出口温度低于沸点时,液滴直径由下式计算

$$d_L = 3.78 \cdot \sqrt{1 + 3 \cdot \frac{\sqrt{We_L}}{Re_L}} \tag{4.13}$$

不符合时,采用

$$d_L = 15 \cdot \frac{\sigma_L}{u_L^2 \cdot \rho_a} \tag{4.14}$$

其中,ρ_a 是空气密度。

【例】甲醇从一个 10 barg 的容器中通过一个 100 mm 的孔被释放。分析该案例是否有可能发生喷射性火灾。在环境温度下,液体的温度为 20 ℃。甲醇射流分析计算参数见表4.3。

表 4.3　甲醇射流分析计算参数

T_a/K	T_b/K	P_0/bar	D_e/m	$\rho_L/(\text{kg} \cdot \text{m}^{-3})$	$\mu/(\text{Pa} \cdot \text{s}^{-1})$	$\sigma/(\text{N} \cdot \text{m}^{-1})$	MIE/mJ	$\rho_a/(\text{kg} \cdot \text{m}^{-3})$
293.16	337.8	10	0.1	790	0.000 594	0.022 7	0.14	1.2

$$h_L = \frac{101\,972}{790} = 129 \text{ m} \tag{4.15}$$

$$u_L = C_D \cdot \sqrt{2 \cdot g \cdot h_0} = 0.61 \cdot \sqrt{2 \cdot 9.81 \cdot 129} = 50.3 \text{ m/s} \tag{4.16}$$

$$Re_L = \frac{\rho_L \cdot u_L \cdot D_e}{\mu_L} = \frac{790 \cdot 5.3 \cdot 0.1}{0.000\,594} = 6\,649\,831.65 \tag{4.17}$$

$$We_L = \frac{2 \cdot \rho_L \cdot u_L^2 \cdot D_e}{\sigma_L} = \frac{790 \cdot 50.3^2 \cdot 0.1}{0.022\,7} = 8\,805\,159 \tag{4.18}$$

因为 $We_L > 10^6 \times Re_L^{-0.45} = 850.7$,使用

$$d_L = 15 \cdot \frac{0.022\,7}{50.3^2 \cdot 1.2} = 7.4 \text{ μm} \tag{4.19}$$

颗粒小于 20 μm,可能产生射流火。

4.1.2 闪火与火球

闪火是液体表面产生足够的蒸气与空气混合形成可燃性气体时,遇火源产生一闪即燃的现象。闪点,是在规定的试验条件下,液体表面上能发生闪燃的最低温度。

在敞开空间,可燃混合气体爆炸时,燃烧波(爆轰波)的传播影响较小,它不会像在密闭空间的爆燃那样,产生很高的压力,但它会燃烧而产生火焰球。按 Frank. T. Boturtha 的计算,燃烧产生的火焰球的直径大小为:

$$D_f = 3.86 \, W_f^{0.32} \tag{4.20}$$

式中　D_f——火焰球的直径,m;

　　　W_f——燃烧量,燃料与理论氧的质量和,kg。

Raj 和 Emmons(1975)提出了一个计算模型,用于恒定速度传播的湍流火焰。Hajek 和 Ludwig 模型(1960)由标准 API 521(2014)推荐,它是一个点源模型,适用于层流和湍流喷射火焰,假设火焰位于火焰中心。

$$Q_H = \frac{4 \cdot \pi \cdot E \cdot x}{\tau \cdot X_R} \tag{4.21}$$

式中　Q_H——释放的热量,kW;

　　　E——辐射热密度,kW/m^2;

　　　x——观测点到火焰中心的距离,m;

　　　X_R——辐射热的分数;

　　　τ——导热系数。

4.2 燃气爆炸危害评估

4.2.1 爆炸能量计算

气体爆炸的能量指可燃气体或蒸气与氧气反应产生的化学热以及被压缩气体因膨胀而放出的物理能等,即通常所指的化学能量和物理能量。

(1)化学能量

化学反应产生的爆炸效应,按照亥姆霍斯(Helmholz)或吉布斯(Gibbs)自由能变化关系予以定量,其关系式如下:

$$\left.\begin{array}{l} \Delta A = \Delta E - T\Delta S = \Delta H + pdV - T\Delta S \\ \Delta F = \Delta H - T\Delta S = \Delta E - pdV - T\Delta S = \Delta A - pdV \\ \Delta H = \Delta E - pdV \end{array}\right\} \tag{4.22}$$

式中　ΔA——亥姆霍斯自由能的变化;

　　　ΔE——内能的变化;

　　　ΔS——熵的变化;

　　　ΔF——吉布斯自由能的变化;

ΔH——生成热。

同时有：

$$\left. \begin{array}{l} \Delta E = (\Delta E_f^0)_\beta - (\Delta E_f^0)_\gamma \\ \Delta S = S_\beta - S_\gamma \\ S = S_0 - R \ln p \end{array} \right\} \qquad (4.23)$$

式中　γ——反应物；

　　　β——生成物；

　　　S_0——基准状态的熵；

　　　p——分压。

上述计算所需的参数可以从化学手册中查到。现以 TNT 的分解为例，求上述方程的解。TNT 爆炸物质的热力学性质参数见表 4.4，用 ΔH_f^0 来代替 ΔE_f^0。

TNT 爆炸的反应式如下：

$$CH_3(NO_2)_3 \rightarrow CO_2 + 1.5H_2O + 1.5 N_2 + 1.25O_2$$

表 4.4　热力学性质参数

物　质	状　态	$\Delta H_f^0/(kJ \cdot mol^{-1})$	$S^0/(J \cdot mol^{-1} \cdot K^{-1})$
N_2	气体	0	191.5
O_2	气体	0	205.63
H_2O	气体	241.8	188.66
CO_2	气体	393.5	213.7
TNT	固体	-54.34	271.7

又根据式(4.23)，得到各物质的熵 S 见表 4.5。

表 4.5　反应物和生成物的熵

物　质	CO_2	H_2O	N_2	O_2	TNT
$S/(J \cdot mol^{-1} \cdot K^{-1})$	227.48	199.07	201.91	217.8	271.15

由此计算出：

$\Delta S = S_\beta - S_\gamma$

$= (1 \times 227.48 + 1.5 \times 199.07 + 1.5 \times 201.91 + 1.25 \times 217.8 - 1 \times 271.15) J/(mol \cdot K)$

$= 830.05 \ J/(mol \cdot K)$ 　　　　　　　　　　　　　　　　　　　(4.24)

由式(4.22)得：

$$\Delta A = \Delta E - T\Delta S = (810.54 - 273 \times 0.830\ 5) kJ/mol$$

$$= 583.95 \ kJ/mol$$

$$= 3\ 817 \ kJ/kg \qquad (4.25)$$

这就是 TNT 爆炸时所释放出的能量。通常将 4 180 kJ/kg 作为 TNT 当量。由于引用的热力学参数有所不同，TNT 当量的取值有的为 4 828 kJ/kg，也有的取为 4 682 kJ/kg。TNT 缓慢燃烧时的发热量为 15 884 kJ/kg，可见 TNT 在爆炸时有 20%~30% 的发热量用来对外做功，产生爆炸效应。

人们常用 TNT 当量来估算气体的爆炸能量,计算方法如下:

$$W_{TNT} = \eta \frac{Q_1}{Q_{TNT}} W_f \tag{4.26}$$

式中　W_{TNT}——爆炸的 TNT 当量,即燃料爆炸相当于 TNT 的质量,kg;

　　　Q_{TNT}——TNT 当量,kJ/kg;

　　　η——有效系数;

　　　W_f——燃料的总质量,kg。

有效系数 η 的大小与燃料的种类有关,一般取值在 0.02 ~ 0.05。表 4.6 是一些可燃气体的 TNT 当量换算。

表 4.6　一些可燃气体的 TNT 当量换算

可燃气体	分子式	发热量 Q_1 /(MJ·kg^{-1})	Q_1/Q_{TNT}	可燃气体	分子式	发热量 Q_1 /(MJ·kg^{-1})	Q_1/Q_{TNT}
甲烷	CH_4	50.00	11.95	异丁烷	异-C_4H_{10}	45.60	10.90
乙烷	C_2H_6	47.40	11.34	乙烯	C_2H_4	47.20	11.26
丙烷	C_3H_8	46.40	11.07	丙烯	C_3H_6	45.80	10.94
正丁烷	C_4H_{10}	45.80	10.93	氢气	H_2	120.0	28.65

(2)物理能量

因破裂而产生的爆炸效应主要是气体膨胀所做的功,亦指的物理能量。爆炸过程可以认为是一个等温过程,故所做的功可由下式计算:

$$W = \int_1^2 p dV \approx T\Delta S = RT_1 \ln \frac{p_2}{p_1} \tag{4.27}$$

式中　W——气体爆炸的物理能量,kJ;

　　　p——气体的压力,Pa;

　　　v——气体的比容,m^3/kg;

　　　T_1——气体初始状态的温度,K。

除按式(4.27)计算破裂的物理能量外,还有其他的计算方法。

4.2.2　限空间爆炸

对于有泄压面积的密闭空间,这里称之为半敞开空间,学者们对其间爆燃所产生的峰值压力大小进行了许多相关研究,且不同条件下的计算方法区别很大。

1)Rasbash 公式

$$\left.\begin{array}{l} p_{2,max} = 10p_0 + 3.5K \\ K = \dfrac{A_C}{A_V} \end{array}\right\} \tag{4.28}$$

式中　$p_{2,\max}$——峰值压力,kPa;

　　　　p_0——泄压时的压力,kPa;

　　　　K——泄压比;

　　　　A_C——房间内的最小正截面积,m^2;

　　　　A_V——泄压总面积,m^2。

式(4.28)适用于正常燃烧速度下的爆炸,并没有考虑紊流的影响,应满足以下条件:

①$K=1\sim5$;

②房间的最大尺寸/最小尺寸$\leqslant3$;

③泄压构件面密度$\leqslant24\ kg/m^2$;

④$p_0\leqslant7\ kPa$。

2)Dragosavic 公式

$$p_{2,\max} = 3 + 0.5p_0 + \frac{0.04}{\psi^2} \geqslant 3 + p_0 \tag{4.29}$$

式中　ψ——泄压系数,$\psi=\dfrac{\text{房间体积}}{\text{泄压总面积}}$,m。

实验是在 $20\ m^3$ 的空间中做出的,不适用于大体积空间中的爆炸压力估计和泄压系数计算。

3)Simmonds 和 Cabbage 公式

$$p_{2,\max} = V^{-\frac{1}{3}} S_u (0.3\ Kp_0 + 0.4)\,\mathrm{lbf/in^2} \tag{4.30}$$

式中　V——燃气爆炸的空间体积,ft^3;[①]

　　　　S_u——燃气的燃烧速度,ft/s。[②]

出现不稳定燃烧时,燃烧速度取正常燃烧速度的 2 倍。

4.2.3　蒸气云爆炸

距爆炸中心某处的冲击波压力计算时,引入的等效距离用式(4.31)表示:

$$l' = \frac{R_L}{\sqrt{Q}} \tag{4.31}$$

式中　l'——等效距离,$m/kg^{\frac{1}{3}}$;

　　　　R_L——距离爆炸中心的距离,m;

　　　　Q——爆炸中心的爆炸当量,kg。

式(4.39)可以表述为,在距爆炸中心距离 R_L 处的等效距离 l',等于离爆炸中心的距离与爆炸中心的爆炸当量 Q 的立方根之商。

---

①　1 ft = 0.304 8 m,1 ft^3 = 0.028 316 8 m^3,下同。

②　1 ft/s = 0.304 8 m/s,下同。

由此可计算出在距离爆炸中心 R_L 处产生的冲击波压力 Δp,

$$\Delta p = k_1 \cdot (l')^{k_2} \times 10^5 \tag{4.32}$$

式中　Δp——爆轰冲击波压力,Pa;

　　　k_1, k_2——与 Δp 或 l' 的范围有关的系数见表4.7。

表 4.7　爆轰冲击波压力的计算系数

l'	2~3.676	3.676~7.934	7.934~29.75	29.75
Δp	4~0.65	0.2~0.65	0.036~0.2	0.025~0.036
k_1	11.535	6.906 4	3.233	4.21
k_2	−2.059 7	−1.967 3	−1.321 6	−1.398 8

由此等效距离的物理意义也可理解为:爆炸产生在距离爆炸中心 R_L 处的冲击波压力与在 l' 处是等效的。

当计算出爆炸的冲击波压力之后,可以直接评估其爆炸效应,见表4.8。

表 4.8　冲击波压力与破坏效应

冲击波压力/(kgf · cm⁻²)①	冲击波的破坏效应
0.002	某些大的椭圆形玻璃窗破裂
0.003	产生喷气式飞机的冲击音
0.007	某些小的椭圆形玻璃窗破裂
0.01	窗玻璃全部破裂
0.02	有冲击碎片飞出
0.03	民用住房轻微损坏
0.05	窗户外框损坏
0.06	屋基受到损坏
0.08	树木折枝,房屋须修理才能居住
0.10	承重墙破坏,屋基向上错动
0.15	屋基破坏,30%的树木倾倒,动物耳膜破坏
0.20	90%的树木倾倒,钢筋混凝土柱扭曲
0.30	油罐开裂,钢柱倒塌,木柱折断
0.50	货车倾覆,墙大裂缝,屋瓦掉下
0.70	砖墙全部破坏
1.00	油罐压坏,房屋倒塌
2.00	大型钢架结构破坏

① 　1 kgf/cm² = 98 kPa,下同。

冲击波压力除了对建筑物的破坏之外还会直接对超压波及范围内的人造成威胁。如冲击波超压大于 0.1 MPa 时,大部分人员会死亡;0.05~0.1 MPa 的超压可致使人体的内脏严重损伤或导致死亡;0.04~0.05 MPa 的超压会损伤人的听觉器官或引起骨折;超压在 0.02~0.03 MPa 时也可造成人体轻微损伤。只有当超压小于 0.02 MPa 时,范围内人员才会是安全的。

反映爆炸效应计算公式的另一种形式:

$$K = 2.52(Q^2 + 1.0082 \times 10^7)^{\frac{1}{9}} \frac{R_\mathrm{L}}{Q^{\frac{5}{9}}} \tag{4.33}$$

式(4.33)中的 K 为爆炸效应的参数,根据计算出的 K 值的大小可以判定爆炸对爆炸区内设施的破坏程度。不同的 K 值下,爆炸区内的设施情况见表 4.9。

表 4.9　相应 K 值时的爆炸效应

K	爆炸区内的爆炸效应
9.5	所有建筑物完全破坏
14	砖砌的建筑物外表 50%~70% 的破损,墙壁下部危险,必须拆除
24	房屋不能再居住,屋基部分或全部破损,外墙部分破损 1~2 面,承重墙受到大的破坏,必须更换
70	构筑物受到一定程度的损坏,隔墙、木结构需重新加固
140	经修理可继续使用,天花板等有不同程度的破损,10% 左右的门窗玻璃破损

4.2.4　液体扩展蒸气爆炸

对于储藏在敞开空间的可燃性气体,其潜在的爆炸能量可以将它换算成 TNT 当量,具体的计算方法如下:

$$Q = \frac{Wa'\varepsilon\varepsilon_1 H_1}{4\ 180} \tag{4.34}$$

式中　Q——TNT 当量,kg;

　　　W——TNT 储藏量,kg;

　　　a'——可燃气化气体的气化率;

　　　H_1——可燃气体的热值,kJ/kg;

　　　ε——爆炸系数;

　　　ε_1——TNT 转化系数,通常取 0.064。

关于可燃气体的 TNT 储藏量的计算,由下式给出:

$$W = 1\ 000\left(\frac{N}{1\ 000}\right)^n \tag{4.35}$$

式中,N 为可燃气体的实际储藏量,kg;当 N 的数值小于 1 000 时,$n=1$;当 N 的数值大于或等于 1 000 时,$n=\dfrac{1}{2}$。

可燃气化气体的气化率 a'，对于纯气态则为 1，对于液化石油气类的可燃气体，a' 的值由下式计算：

$$a' = \frac{H_2 - H_1}{L} \tag{4.36}$$

式中　H_1——液体沸点时的质量焓，kJ/kg；

　　　H_2——从容器中流出前液体的质量焓，kJ/kg；

　　　L——燃气的气化潜热，kJ/kg。

爆炸系数与燃气的种类有关，对于常见的几种可燃气体的爆炸系数值，见表 4.10。

表 4.10　几种常见气体的爆炸系数

燃气种类	乙炔等	乙烯、一氧化碳	乙烷、丙烷	甲烷、丁烷	甲醇等
爆炸系数	0.15	0.10	0.08	0.06	0.04

【例】若储罐内储有 1 000 t 丙烷，当 $K = 140$ 时，储罐爆炸产生的破坏距离和在破坏距离处产生的冲击波超压是多少？

解：假定储罐内液化石油气的温度为 40 ℃，查有关物性参数为：

$H_L = 4.623 \times 10^4$ kJ/kg，$H_1 = -4.72$ kJ/kg，$H_2 = 219.28$ kJ/kg，$L = 422.47$ kJ/kg，$\varepsilon = 0.08$，$\varepsilon_1 = 0.064$，$N = 1 \times 10^6$ kg，$n = \frac{1}{2}$。

由式（4.33）有：

$$W = 1\ 000 \left(\frac{N}{1\ 000} \right)^n = 1 \times 10^3 \times \left(\frac{1 \times 10^6}{1 \times 10^3} \right)^{\frac{1}{2}} = 31\ 623 \text{ kg} \tag{4.37}$$

又由式（4.36）有：

$$a' = \frac{219.28 - (-4.72)}{422.47} = 0.531 \tag{4.38}$$

将 W，a' 等值代入式（4.35），有：

$$Q = \left(\frac{31\ 623 \times 0.531 \times 0.08 \times 0.064 \times 4.623 \times 10^4}{4\ 180} \right) \text{kg} \tag{4.39}$$

$$= 949.52 \text{ kg}$$

变换式（4.34），有：

$$R_L = 0.396\ 7\ Q^{\frac{1}{3}} K \left(1 + \frac{1.008\ 2 \times 10^7}{Q^2} \right)^{-\frac{1}{9}} \tag{4.40}$$

代入已知值，得：

$$R_L = 0.367\ 0 \times 140 \times 949.52^{\frac{1}{3}} \times \left(1 + \frac{1.008\ 2 \times 10^7}{949.52^2} \right)^{-\frac{1}{9}} \text{ m} \tag{4.41}$$

$$= 413.2 \text{ m}$$

同理，根据式（4.32）可以计算出冲击波超压为

$$\Delta p = k_1 \cdot (l')^{k_2} \times 10^5 = 2.646 \text{ kPa} \tag{4.42}$$

即：破坏距离约为 413.2 m，冲击波超压为 0.027 kgf/cm²。

4.3 高压容器破裂危害评估

4.3.1 盛装液体容器破裂

在某一灌装温度下,灌装液体的容器均有一个最大灌装质量,某一充装温度下容器允许充装的液体体积是在容器内的液体温度达到其允许最大工作温度时液相正好充满容器的体积。容积充满度的定义为实际充装量与最大灌装质量的比值。

所谓超量灌装,意味着容器达到最高工作温度时,内部液相膨胀后的体积大于容器的容积,此时,容器的壁面将会受到很大压力,甚至造成容器破裂,可推证出充装过量时容器的内部压力变化情况。

设容器的容积为 V,内部充装的液化石油气液相体积在温度 T_1 时为 V_1,压力为 p_1,当温度增至 T_2 时,如果液相不受容器容积的限制,液相的体积将增至 V_2,且有:

$$V_2 = V_1 + \beta(T_2 - T_1)V_1 = V_1(1 + \beta\Delta T) \tag{4.43}$$

式中　β——液化石油气在 $T_1 \sim T_2$ 温度区间的平均体积膨胀系数,$℃^{-1}$;

　　　ΔT——液化石油气的温度差,$℃$。

如果不考虑容器由于温度增加引起的体积膨胀,且 V_2 不大于 V,那么容器内的压力增高仅是由于温度的升高而导致的液体蒸气压上升。若温度上升的值不超过容器允许的最高工作温度,则压力的上升不会导致容器的破裂。

当液相膨胀后的体积超过容器的容积时,液相将会受到压缩,有:

$$\frac{V_2 - V}{V} = \alpha\Delta p \tag{4.44}$$

式中　α——液化石油气的压缩系数,MPa^{-1};

　　　Δp——超压引起的压力增量,MPa。

同时,由于存在超压和温差,容器又会发生线膨胀和容积膨胀,容积由初始的 V_1 增至 V_3,且有:

$$V_3 = (1 + 3\beta_0\Delta T + M\Delta p)V_1 \tag{4.45}$$

式中　β_0——容器材料的线膨胀系数,$℃^{-1}$;

　　　M——容器在内压下的容积增大系数。

那么,有:

$$\frac{V_2 - V_3}{V_3} = \alpha\Delta p \tag{4.46}$$

将式(4.43)和式(4.45)代入式(4.46),得:

$$\frac{(1 + \beta\Delta T) - (1 + 3\beta_0\Delta T + M\Delta p)}{1 + 3\beta_0\Delta T + M\Delta p} = \alpha\Delta p \quad \frac{\Delta p}{\Delta T} = \frac{\beta - 3\beta_0}{\alpha + M - 3\alpha\beta\Delta T + \alpha M} \tag{4.47}$$

由于 $3\alpha\beta\Delta T$ 和 αM 很小,可以忽略,进而有:

$$\frac{\Delta p}{\Delta T} = \frac{\beta - 3\beta_0}{\alpha + M} \tag{4.48}$$

式(4.48)反映了当灌装体积充满容器时,液相温度的增加导致的容器内超压量的增加值,它依赖于液相物质本身的体积膨胀系数和压缩系数,还与容器材料受热、受压时的膨胀与压缩性能有关。钢制容器的线膨胀系数的取值一般为 12×10^{-6},液化石油气钢瓶的 M 值,如图 4.3 所示。该值与容器的直径、壁厚有关,一般通过测定得到。

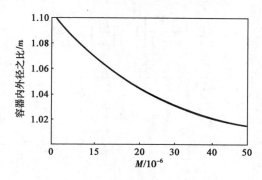

图 4.3　钢瓶的容积增大系数

可以证明当液化石油气钢瓶内的液相充满后,由于温度升高导致的压力上升是非常迅速的,很容易达到容器的爆破压力。

容器的爆破压力可由下式求得:

$$p_k = \frac{2\sigma_b\delta}{D} \tag{4.49}$$

式中　p_k——容器的爆破压力,MPa;

　　　D——容器的内径,mm;

　　　δ——容器的壁厚,mm;

　　　σ_b——容器材料的强度极限,MPa。

对于 YSP-15 型液化石油气钢瓶,材料为 $20^{\#}$ 钢,$\sigma_b = 441.5$ MPa,$\delta = 3$ mm,$D = 314$ mm,则:

$$p_k = \frac{2 \times 3 \text{ mm} \times 441.45 \text{ MPa}}{314 \text{ mm}} = 8.44 \text{ MPa} \tag{4.50}$$

若在 15 ℃ 时,钢瓶内充满液相的液化石油气,当温度升高时,瓶内的压力上升情况可由式(4.48)求得:

取 $\beta_0 = 12\times10^{-6}$,$\beta = 3.06\times10^{-3}$,$\alpha = 1.38\times10^{-3}$,查图 4.3,$M = 50\times10^{-6}$,则:

$$\frac{\Delta p}{\Delta T} = \frac{3.06 \times 10^{-3} - 3 \times 12 \times 10^{-6}}{1.38 \times 10^{-3} + 50 \times 10^{-6}} \text{MPa/℃} = 1.61 \text{ MPa/℃} \tag{4.51}$$

这说明,充满液化石油气液相的钢瓶,当使用温度比灌装温度增加不到 6 ℃ 时便可使瓶内压力超过钢瓶的爆破压力而产生破裂。

4.3.2　压力容器破裂冲击波评估

高压容器的破裂之所以会对外界有一定的破坏性,主要是破裂导致容器内的高压介质所具有的能量突然释放从而,产生冲击波的效应。

破裂的能量计算有以下 4 种计算方法:

1)Baker 公式

$$E = \frac{p_1 V_1}{\kappa - 1}\left[1 - \left(\frac{p_1}{p_0} \right)^{\frac{1-\kappa}{\kappa}} \right]$$

(4.52)

2)Kinney 公式

$$E = p_1 V_1 \ln \frac{p_1}{p_0}$$

(4.53)

3)Broad 公式

$$E = \frac{p_1 - p_0}{\kappa - 1} V_1$$

(4.54)

4)Crowl 模型(热力学有效性模型)

$$E = p_1 V_1 \left[\ln \frac{p_1}{p_0} - \left(1 - \frac{p_0}{p_1} \right) \right]$$

(4.55)

式中　E——破裂的能量,MJ;

　　　p_1——容器内介质的初始压力,MPa;

　　　p_0——大气压力,MPa。

以上 4 个公式的计算结果相差较大,一般采用式(4.54)进行计算。

破裂的能量可以用功来表示。但通常为了对比爆炸规模的方便,而将其换算成 TNT 当量来进行评价。TNT 的爆炸能量为 4 180 kJ/kg,故 1 kJ 的功相当于 $2.392\ 3×10^{-4}$ kg TNT 当量,由此可以计算出高压储气罐在破裂时释放出的能量。

通常高压天然气储气罐的容积为 1 000 m³ 以上,储气压力为 0.9 MPa 以上。那么,假如储气容积为 1 000 m³,储气压力为 0.9 MPa 的天然气储罐发生破裂时,它所释放出的能量可用下列方法计算。

$p_1 = 0.9$ MPa,$p_0 = 0.103\ 3$ MPa,$\kappa = 1.29$,$V_1 = 1\ 000$ m³,根据式(4.54),有:

$$E = \frac{p_1 - p_0}{\kappa - 1} V_1 = \frac{0.9 - 0.1033}{1.29 - 1} × 1\ 000\ \text{MJ} = 2\ 747\ \text{MJ}$$

(4.56)

即高压储气罐破裂后即使不发生燃烧爆炸,其释放出的能量也会对周围的设施产生破坏性影响。

用于压缩天然气汽车上的储气钢瓶,储气相对压力高达 20 MPa,一旦破裂,其破裂能量究竟有多大？如果一般储气瓶的容积为 50 L，根据式(4.54)，同样有：

$$E = \frac{20.103\,3 - 0.103\,3}{1.29 - 1} \times 50 \times 10^{-3}\ \mathrm{MJ} = 3.45\ \mathrm{MJ} \tag{4.57}$$

这一能量相当于 0.825 kg 的 TNT 当量。

高压容器破裂后的能量释放过程，是容器内的介质压力快速衰减到大气压的过程，因而形成对周围产生影响的冲击波压力。容器内介质的压力在衰减的过程中，使得在离开破裂中心的某一距离处的大气压力出现超压。破裂产生的危害正是由此超压引起的。在距破裂中心越近的地方超压越大、破坏越严重。

在距离破裂中心不同距离处的超压可通过如下的方法计算。

①容器半径处(若非球形容器，则求出当量半径)的无量纲距离 $\overline{R_V}$；

②计算(或查图)容器半径处的无量纲超压 $\overline{P_{st}}$；

③计算容器半径的超压 $\Delta P = P_0 \overline{P_{st}}$；

④计算距离破裂中心的 $R(R > R_0)$ 处的等效距离 $\overline{R}$；

⑤根据 $\overline{R_V}$ 和 $\overline{P_{st}}$ 查图确定超压曲线位置；

⑥根据上一步确定的曲线位置和 $\overline{R}$ 查图求出 R 处的无量纲超压值；

⑦计算 R 处的超压值 $\Delta P = P_0 \overline{P}$。

以球形储气罐的破裂为例，由于破裂的能量可以由式(4.42)计算，则有：

$$Q = \frac{10(p_1 - p_0)}{\kappa - 1} V = \frac{10(p_1 - p_0)}{\kappa - 1} \times \frac{4}{3}\pi R^3 \tag{4.58}$$

式中　　R——球罐的半径，m。

利用立方根法则，变换式(4.55)，有：

$$\frac{R}{Q^{\frac{1}{3}}} = \overline{R} = \left[\frac{3(\kappa - 1)}{40\pi(p_1 - p_0)}\right]^{\frac{1}{3}} \tag{4.59}$$

一旦已知储罐内的介质性质和压力，便可求出等效距离的值。根据式(4.60)，还可以求出在球罐半径处的超压。

$$\frac{p_1}{p_0} = \frac{p_s}{p_0}\left[1 - \frac{(\kappa - 1)\left(\dfrac{a_0}{a_1}\right)\left(\dfrac{p_s}{p_0} - 1\right)}{\sqrt{2\kappa_0}\sqrt{2\kappa_0 + (\kappa_0 + 1)\left(\dfrac{p_s}{p_0} - 1\right)}}\right]^{\frac{-2\kappa_1}{\kappa_1 - 1}} \tag{4.60}$$

式中　　κ_0——空气的绝热指数；

p_s——破裂瞬间在球罐半径处的超压，MPa；

a_0——空气中的音速，m/s；

a_1——介质中的音速，m/s。

如果要求在离破裂中心某一距离处的超压，则首先要求出这一距离的等效距离，有：

$$\overline{R_L} = \frac{R_L}{R}\overline{R} \tag{4.61}$$

式中 R_L——距离球体中心的距离,m;

　　　$\overline{R_L}$——距离球体中心 R_L 处的等效距离,$m/kg^{\frac{1}{3}}$。

在此等效距离已知的基础上,根据式(4.59)和式(4.60),查图4.4,求出冲击波超压。

$$\Delta p = p_0 \overline{p_s} \tag{4.62}$$

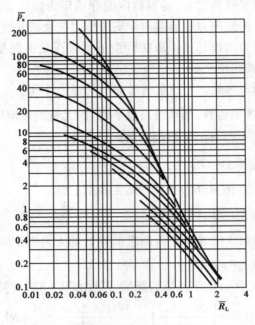

图 4.4　等效距离与超压的关系

【例】1 000 m^3 的球形罐在天然气储气压力为 3.103 3 MPa 时,发生破裂后 50 m 处的超压情况进行计算。大气压 p_0 为 0.103 3 MPa。

$$\kappa_0 = \kappa_1 = 1.29, \frac{a_0}{a_1} = 0.767, R = 6.2 \text{ m}$$

$$R_L = 50 \text{ m}, p_1 = 3.103 3 \text{ MPa}, p_0 = 0.103 3 \text{ MPa}$$

根据式(4.61)和式(4.62)得:

$$\overline{R} = \left[\frac{3(\kappa_1 - 1)}{40\pi(p_1 - p_0)} \right]^{\frac{1}{3}} = 0.132 \tag{4.63}$$

$$\overline{P_s} = \frac{p_s - p_0}{p_0} = 4.34 \tag{4.64}$$

$$\overline{R_L} = \frac{R_L}{R} \overline{R} = 1.06 \tag{4.65}$$

式中 $\overline{R}$——储罐半径处的等效距离,$m/kg^{\frac{1}{3}}$。

查图 4.4 得 $(\overline{p_s})\overline{R_L} = 0.32$,则:

$$\Delta p = 0.032 \text{ MPa}$$

对于式(4.16)的计算,需编写计算程序,采用计算机进行计算。

4.3.3 碎片能量评估

压力容器破裂时,气体高速喷出的反作用力可以把整个容器壳体向爆裂的反方向推出,有些壳体可能裂成大小不等的碎块或碎片向四周飞散。其他爆炸情况出现时,周围物体在爆炸力的作用下,同样会被破坏并飞散出去。这些具有较高速度和较大质量的碎片,在飞出过程中具有很大的动能,因而可能造成的危害是很大的。

碎片对人体或物体的伤害程度主要取决于它的动能。根据研究,碎片击中人体时,如果它的动能在 26 N·m 以上,便可致外伤;动能达到 60 N·m 以上时,可致骨部轻伤;超过 200 N·m 时,可造成骨部重伤。碎片所具有的动能与碎片的质量和速度有关,计算如下。

$$E = \frac{1}{2}mu^2 = \frac{1}{2}\frac{W}{g}u^2 \tag{4.66}$$

式中　E——碎片的动能,N·m;

　　　W——碎片的质量,kg;

　　　u——碎片击中时的速度,m/s。

压力容器的碎片在离开壳体时常具有 80~120 m/s 的初速,即使在飞离容器较远的地方也有 20~30 m/s 的速度;如果是 1 kg 碎片,其动能达到 200~450 N·m,足可以致人重伤或死亡。

容器破裂时还可能损坏附近的其他设备或管道,引起连锁爆炸反应或火灾,造成更大的危害。碎片对材料的穿透量可按下式计算:

$$S = K\frac{E}{A} \tag{4.67}$$

式中　S——碎片对材料的穿透量,cm;

　　　E——碎片击中时所具有的动能,kgf①·m;

　　　A——碎片穿透方向的面积,cm²;

　　　K——材料的穿透系数,对钢板 0.01;木材 0.4;钢筋混凝土 0.1。

---

① 1 kgf=9.8 N,下同。

5

燃气爆炸防护技术

5.1 安全置换技术

5.1.1 燃气安全置换原理

在城市燃气工程中,许多预防爆炸的安全技术已被大量采用,对确保城市燃气的安全使用和应用领域的广泛扩展给予了充分保证。燃气管道开始使用时,或者是利用储气罐进行储气时,会遇到管内或罐内空气与将要存储的燃气的安全置换问题;而在储气罐进行检修时,也会遇到罐内燃气与环境空气的安全置换问题。燃气与空气或空气与燃气的置换过程中,在储罐内或管内会形成爆炸性混合物,即会出现爆炸的基本条件,因此,燃气的安全置换问题非常重要。解决这一问题的主要方法是燃气的成分控制,在此基础上进行安全置换。

1)含有惰性气体的爆炸范围

燃气燃烧爆炸的三要素是燃气、助燃剂、点火源,附加条件为燃气与助燃剂以一定比例混合。置换安全的条件为:控制不出现点火源,控制可燃气体和助燃剂不同时出现,控制不出现可燃混合气体(燃气与空气混合比不处于可燃范围)。常见可燃气体的爆炸极限见表5.1。

表 5.1 常见可燃气体的爆炸极限

甲烷	5~15	5~61
乙烷	3~15	3~66
丙烷	2.1~9.5	2.3~55
丁烷	1.5~8.5	1.8~49
乙烯	1.5~8.5	3~80

在储罐或管道进行置换之前,先给其中注入一定量的惰性气体,如氮气(N_2)、二氧化碳

（CO_2）等，使装置内形成不具备爆炸性的混合气体。在具有一定含量的惰性气体的燃气或空气中，即使再充入空气或燃气，也永远到达不了燃气的爆炸极限范围。这一点可以用三角形线图来加以表示，如图 5.1 所示。图中，三角形的顶点和表示在氧气（O_2）中的下临界点 L_1 的连线为下临界线，与其上临界点 U_1 的连线为上临界线。三角形具有特征：在由某一单一成分相对应的顶点所引的直线上，能表示其他两种成分之比，所以甲烷（CH_4）与空气的混合物之比能在图中的空气线上求得。空气组分线与爆炸范围的交点为 L_2，U_2 为 CH_4 在空气中的爆炸下限和上限。利用这一特征，各种气体成分的浓度变化均可用下述方法通过图来表示。例如，设有某一组分的混合气体 M_1，给其中添加入 CH_4，生成连接 CH_4 顶点与 M_1 的所有各种不同组分的混合，混合均匀后的新混合物组分为 M_2，若添加物为 O_2，则其组分位于连接 M_1 和 O_2 顶点直线上。

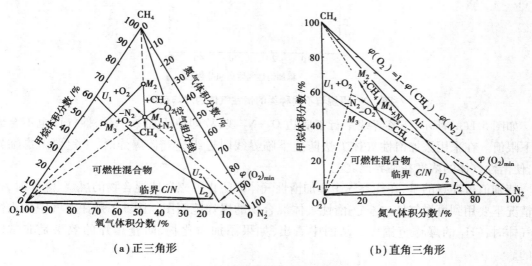

（a）正三角形　　　　　　　　　　（b）直角三角形

图 5.1　三元气体可燃性分析图

添加两种以上的气体时，则可分为上述两个步骤来完成新的组成点的获得。如添加 CH_4 和 O_2 时，首先加入 CH_4 的新混合物组分为 M_2，其次再加入 O_2 的新混合物组分为 M_3。根据上述步骤组成的点和线，是在爆炸范围之内还是在爆炸范围之外，由此便可判断混合气体过程的爆炸危险性。由图 5.1 可知，在 M_1 添加 CH_4 时，没有爆炸的危险，但在添加 O_2 后所构成的均匀混合气，则会处于爆炸范围之内。即使在均匀混合之前，由于要生成 O_2 的顶点与 M_1 的连线上的各种成分的混合物，故此时仍具有爆炸的危险性。

连接顶点为 CH_4 与 N_2 的一边，$\varphi(O_2)$ 为 0 的线。平行于这条边的直线，表示在该直线上的混合物中的 $\varphi(O_2)$ 为一定值。在 $\varphi(O_2)$ 为定值的许多条直线中，重要的是通过爆炸上限末端的线，称为临界氧气浓度线，用 $\varphi(O_2)\min$ 表示。如能添加惰性气体使可燃气体的氧浓度在临界值以下，即使其他组分的浓度发生任意的变化，也不会进入爆炸浓度范围。一些燃气的临界氧气浓度，如图 5.2 所示。

另外一条重要的线是从 O_2 线的顶点对下限线所作的切线，它表示可燃气体与惰性气体的临界比。如果在可燃气体中加入惰性气体使其浓度比在该临界比之下，那么，无论怎样加大 $\varphi(O_2)$，也不会使其处于爆炸范围之内。

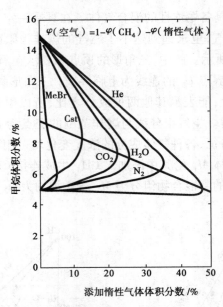

$\varphi($ 空气 $)=1-\varphi($ CH_4 $)-\varphi($ 惰性气体 $)$

图 5.2　甲烷与不同种类的惰性气体的爆炸范围

如图 5.1(a)所示,下临界线平行于底边 O_2-N_2 线,故即使添加 N_2 等惰性气体也不会影响下限值。在采用添加惰性气体方法防止下临界线附近组分气体爆炸时,一定要考虑临界比,使惰性气体的浓度在临界比之上。

特别值得注意的是,在往空气中添加惰性气体以防止可燃气体混合物的燃烧、爆炸时,很多情况下要用到可燃气体-空气-惰性气体混合物的爆炸范围图。图 5.2 是往空气中加入惰性气体时,CH_4 的爆炸范围图。从图中看出,如果添加卤化物,防止爆炸的效果是非常明显的。

2)气体置换过程的选择

城市燃气工程中,储气设施的使用是广泛的。其中利用储气罐储气又极为平常,目的是用来平衡燃气用量的不均匀性。储气罐的投产和运行过程中需要检修时,通常要将储气罐内部的空气或燃气安全地置换出来,以防止罐内产生爆炸性混合物而发生爆炸事故。通常采用的方法有用水置换和用惰性气体置换,前者适用于小容量的储气罐是可以的,大型储气罐则使用后者。

(1)储罐内的空气置换成燃气

假如储气罐内的初始气体为空气,最终应在其中充装甲烷(CH_4),如果不添加惰性气体,直接充装的话,储气罐内的气体组成将沿图 5.3 中的空气组分线与 O-N 边的交点向上移动。气体的初始点在 A 处,显然这将穿过爆炸浓度范围。如在罐内的空气中先注入一定量的惰性气体氮气(N_2),储气罐内的气体成分初始点将移至 A_1 点,而 A_1 与 C 之连线完全可能离开爆炸区域。是否不再穿过爆炸区域则以 A_1 与 C 之连线与爆炸范围线相切为标志,其切点便为临界氧浓度。也就是说,当甲烷、氧气、氮气组成的混合气体中,氧浓度低于临界氧浓度时,则在其中充装甲烷是绝对安全的。

储罐内气体成分的起点在 C 点,向内注入空气后其成分将沿空气成分线移动,直到 U_2 之前都应该是安全的。为保证充装氮气(N_2)过程的安全性,作一条从 N 点引向 C-O 边 U_1 点的直线交空气组分线于 X_1,当空气充装至 X_1 点所表示的浓度时,停止注入空气,改注入氮气,其储罐内气体的成分将沿 $N-X_1$ 线移动。此时在三角形线图上再作一条从空气成分点 A 引向 C-N 边的直线与爆炸范围相切并交 C-N 边于 X_3 点。充氮过程至 X_1-N 与 $A-X_3$ 之交点 X_2 结束,然后又改充空气,罐内的气体成分则沿 X_3-A 线从 X_2 到达 A,置换过程结束。不同燃气采用不同惰性气体置换时,都有相应的临界氧气浓度,见表 5.2。

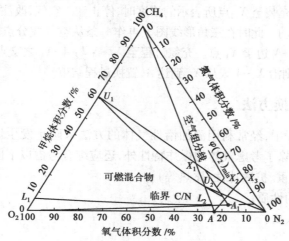

图 5.3 气体置换过程的图示

表 5.2 各种可燃气体的临界氧气的体积分数%(常温常压)

可燃气体	分子式	临界氧含量		可燃气体	分子式	临界氧含量	
		添加 CO_2	添加 N_2			添加 CO_2	添加 N_2
甲烷	CH_4	14.6	12.1	汽油	—	14.4	11.6
乙烷	C_2H_6	13.4	11	乙烯	C_2H_4	11.7	11.0
丙烷	C_3H_8	14.3	11.4	丙烯	C_3H_6	14.1	11.5
丁烷	C_4H_{10}	14.5	12.1	环丙烯	环-C_3H_6	13.9	11.7
戊烷	C_5H_{12}	14.4	12.1	氢	H_2	5.9	5.0
己烷	C_6H_{14}	14.5	11.9	一氧化碳	CO	5.9	5.0
苯	C_6H_6	13.9	11.2	丁二烯	—	13.9	10.4

依据上述原理,可以利用惰性气体置换的方法。其置换过程有 2 种方法可采用:

①升压置换的方法。

该方法是在储罐中充入一定数量的惰性气体,使其储罐内混合气体中的氧气浓度在临界氧气含量以下,然后再充入可燃气体,这时储罐内的压力是升高的。

②等压置换的方法。

该方法是在充入惰性气体的同时,排放出惰性气体与空气的混合物,直到储罐中的氧气含量低于临界氧气含量为止。

（2）储罐内的燃气置换为空气

若以空气置换燃气储罐,其置换方法同样有两种(图5.3)。一种方法是:在燃气中充入氮气,使其达到从 A 点向爆炸范围曲线所引之切线与 C-N 边的交点 X_3 所示的浓度,然后再充入空气;另一种方法:由于甲烷的爆炸上限不高,故在储气罐内存在相当数量的空气都是安全的,因此,可利用三角形线图详细制作其置换过程。

储罐内气体成分的起点在 C 点,向内注入空气后其成分将沿空气成分线移动,直到 U_2 之前都应该是安全的。为保证充装 N_2 过程的安全性,作一条从 N 点引向 C-O 边 U_1 点的直线交空气组分线于 X_1,当空气充装至 X_1 点所表示的浓度时,停止注入空气,改注入氮气,其储罐内气体的成分将沿 N-X_1 线移动。此时在三角形线图上再作一条从空气成分点 A 引向 C-N 边的直线与爆炸范围相切并交 C-N 边于 X_3 点。充氮过程至 X_1-N 与 A-X_3 之交点 X_2 结束,然后又改充空气,罐内的气体成分则沿 X_3-A 线从 X_2 到达 A,置换过程结束。

5.1.2　燃气安全置换方法

许多气体置换工程中,经常利用添加惰性气体的方法来防止发生爆炸。值得注意的是,在置换工艺的安排时,除了考虑气体的爆炸特性外,还应综合考虑以下因素:

①气体的性质(比重、扩散特性、比热等);

②所用惰性气体的性质;

③惰性气体的出入口;

④气体排放口;

⑤置换气体的输入速度;

⑥断续升压置换时的升压速度等。

置换过程中,在被置换的管道或容器空间出现难以置换的死角是很重要的。例如,液化石油气储气罐在检修之前的置换,若其中有死角未置换彻底,便会出现置换结束一段时间后又会出现爆炸性气体的可能。这是因为滞留部位的残液或附着污垢再次蒸发又会成为可燃气体。

5.2　超压预防技术

燃气高压容器或具有额定压力要求的管路系统,在特殊情况下具有出现超压的可能。而出现超压的后果之一便是破裂。另外一种情况出现在燃气管道输送系统中,如高、中压燃气管网系统与低压燃气管网系统的连接通常是用高、中压-低压调压器进行的。如果调压装置失灵,则会将高压或中压的燃气导入低压系统,由此引起低压管路泄漏、用户设备破坏(如表具的损坏等)、连接软管脱落,引起爆炸、火灾等事故。还有一种情况是,有些使用箱式调压装置的系统,高、中压燃气的调压过程是在户外完成的,箱式调压装置通常无人看管,如果箱式调压装置失灵,则同样会直接导致高中压燃气进入用户,其后果不堪设想。

超压预防技术在燃气输送与储存系统中十分重要,常用的超压预防技术是采用安全排放装置,如安全阀、安全水封、安全回流阀等。

5.2.1 安全阀

1)安全阀的结构与工作原理

安全阀是一种为防止压力设备和容器或容易引起压力升高的设备和容器内部压力超过使用极限而发生破裂的安全装置,其结构图如图5.4所示。它是一种常闭的阀门,平时利用机械荷重的作用(弹簧、重块等)来维持阀门的关闭状态,而当内部压力达到安全阀的排放压力时,阀门便被打开,内部介质喷出,达到泄压和排放的目的。当储气罐内的介质压力降低到安全阀的关闭压力时,安全阀又重新关闭。它通常安装于高压设备,如高压储气罐、压缩机的排气管、高压管道和锅炉等。

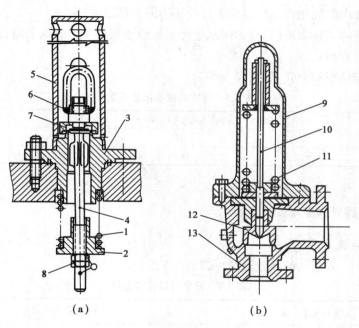

图 5.4 安全阀的结构示意图

1—弹簧;2—塞子;3—阀座;4—阀杆;5—护罩;6—锚环螺母;7—密封环;8—螺母;
9—阀体;10—阀杆;11—弹簧;12—阀芯;13—阀座

作为维持正常状态下的关闭方式之一,弹簧使用最广,此类安全阀称为弹簧式安全阀。它的显著优点是:在压力降低时,可以自动恢复到原位,使容器内的介质停止排放,阻止容器内的压力继续下降;同时,可以对阀门的开启压力进行微调,以提高其工作精度。这是它被广泛使用的原因之一。但它的排放量很小,不适用于压力急剧上升的情况,更不能用来排放爆炸压力。

2)安全阀的排放压力与排放面积

安全阀的排放压力指安全阀开始排放时容器内介质的压力,应根据容器的内部压力允许值来确定,应遵照相关的标准规范。安全阀的排放面积应保证足够的排放量,满足控制容器内介质继续升压的要求。

安全阀的排放面积是根据容器内需要排放的介质矢量来决定的。对于液化石油气而言,安全阀通常在储罐的温度升高(火灾等情况)时动作,此时的排放量依赖于储罐接受热量的多少,可按式(5.1)计算:

$$F = \frac{16CA^{0.82}}{rp\sqrt{\dfrac{M}{T}}} \tag{5.1}$$

式中　F——安全阀口的总通过面积,cm^2;

　　　r——储罐内液化石油气的汽化潜热,kcal[①]/kg;

　　　p——安全阀的排放压力,MPa;

　　　M——液化石油气的分子量;

　　　T——储罐内的液化石油气对应于排放压力的饱和温度,K;

　　　A——储罐的湿表面积(当球形罐水平赤道面位于地面7.5 m以上时,采用球形罐下半部的面积),m^2;

　　　C——储罐的保温修正系数,见表5.3。

表5.3　储罐的保温修正系数

保温情况	保温材料的总传热系数/(kcal·m⁻²·h⁻¹·℃⁻¹)			不保温	埋地
	20	10	5		
C	0.3	0.15	0.075	1	0.3

3)安全阀的数量选择与安装检验

(1)安全阀的数量选择

在一般工程中,安全阀的数量选择可按表5.4进行。

表5.4　安全阀口径的选择

储罐全面积/m²	选取安全阀口径 D_g/mm
<25	40
25~40	50
40~100	80

应该安装安全阀的设备主要是指:

①顶部操作压力大于0.07 MPa的压力容器;

②压缩机或泵的出口(设备本身有安全阀者除外);

③可燃气体或液体受热膨胀可能超过设备使用压力的设备。

(2)安全阀的安装要求

①直接相连、垂直安装。安全阀应与承压设备直接相连,并安装在设备的最高位置。一

---

① 1 kcal=4.186 8 kJ,下同。

般情况下禁止安全阀与承压设备之间安装任何其他阀门或引出管,但介质为易燃、有毒或黏性大的承压设备时,为便于安全阀的清扫、更换,应当在安全阀和设备之间安装截止阀,且应该有严格的管理措施,保证运行过程中截止阀全开和不能使截止阀关闭。

②保证畅通、稳固可靠。为了减少安全阀排放时的阻力,使全排放时设备的超压值降低,安全阀进口和排放管在安装时应尽可能畅通。安全阀与承压设备间的连接短管的流通面积以及特殊情况下安装的截止阀、安全阀排放管的流通截面积都不得小于安全阀的流通截面积。若数个安全阀安装在一根与承压设备相连的管道上,则管道的流通截面积不得小于所有安全阀的流通截面积的1.25倍。排放管原则上应一阀一根,要求直而短,尽量避免曲折,并禁止在排放管上安装任何阀门。有可能被物料堵塞和腐蚀的安全阀,应采取一定的防堵措施。

安全阀在安装时,法兰螺栓应均匀紧固,以避免阀体内产生附加应力,破坏安全阀零件的同心度,影响正常工作。排放管应有可靠的支撑和固定措施,防止大风刮倒以及在排放时产生振动。

③防止腐蚀、安全排放。若安全阀在排放时产生凝液积累或雨水浸入时,积液会对安全阀和排放管产生腐蚀,冬季还会结冰引起堵塞和胀坏,因此应在排放管的底部安装泄液管。泄液管应接至安全的地点,也应有防止冬季结冰的措施,并禁止在管上安装阀门。在安全阀的排放口上,应采取措施防止雨雪和尘埃进入和积聚。

安全阀要加强日常维护保养,保持洁净,防止堵塞和腐蚀。要经常进行铅封检查,防止他人随意移动重锤或调节螺丝。发现泄漏应及时进行调换或检修,严禁用加重重锤的质量或拧紧螺丝的方法来消除泄漏。

④定期检验、保障安全。

定期检查的内容一般包括动态检查和解体检查。如果安全阀在运行过程中已经发现有泄漏现象或动态检查不合格,则应进行解体检查。解体后,对阀芯、阀座、阀杆、弹簧、调节螺丝、锁紧螺母、阀体等逐一进行检查。主要检查是否有裂纹、伤痕、腐蚀、磨损、变形等缺陷。根据缺陷的大小、损坏的程度决定修复或更换,然后组装进行动态检查。

动态检查时使用的介质根据安全阀所用的设备决定。一般用于高压气体的选用空气,用于液体的选用水。所用压力表的精度不得低于一级,表盘直径一般不应小于150 mm。

若开启压力、回座压力均满足安全阀检验压力的要求(表5.5),在工作压力下无明显泄漏,并且在泄压时,阀杆提升高度达到规定值时,安全阀检验即认为合格。动态检验结束后,应将合格的安全阀铅封,检验人员和监督人员应填写检验记录并签字。

表5.5　安全阀的校验压力

工作压力 p/MPa	开启压力 p_1	开启压力允许偏差	回座压力
≤1.0	p+0.5 MPa	±0.02 p_1	p_1−0.08 MPa
> 1.0	1.05 p	±0.02 p_1	0.09 p_1
	1.1 p		0.085 p_1

4)安全排放系统

安全阀的排放应根据介质的不同特性,采取相应的措施,确保排放的安全。如介质有毒时应排入封闭系统;介质是可燃液体时,设备安全阀出口的泄放管应接入储罐或其他容器泵的入口管道;介质是可燃气体时,应引入火炬排放,没有火炬的则应引至其他安全地点。另外,泄放后可能立即引起燃烧的可燃气体、液体,应经冷却至低于自燃点后再接至防空设施;泄放后可能携带腐蚀性液滴的可燃气体,应经分离罐分液后接至火炬系统,并有其他相应的防腐措施。排放管应有可靠的接地,以消除静电。

室外可燃气体储罐上的排放管,管口应高出相邻最高储罐平台 3 m 以上,室内的可燃气体储罐上安全阀的排放管应引至室外无其他危险和通风良好的场所并应高出屋面 3 m 以上。放散管的排气口应向上,以防止气流冲击管壁伤害操作人员或发生振动。

由于燃气工程中使用的安全阀所排放出的气体通常具有爆炸性,安全阀与排放口之间的管道内可能形成可燃混合气,而排出物是完全可以形成可燃性混合气的,故排放口的位置及四周的安全要求应根据相应的规范设计,也可在排放口上采用一定的防止管道内形成可燃混合气的措施。图 5.5 是安全排气系统的原理图。

如果排放的燃气量太大,使其完全在空气中扩散是非常危险的,这时,不排除在排放口进行燃烧的可能性。图 5.6 是排放燃气的塔式烟囱的原理图。

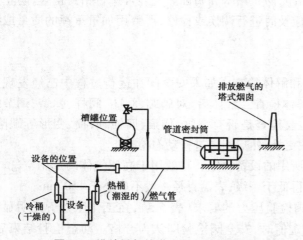

图 5.5　排放燃气的塔式烟囱的原理图

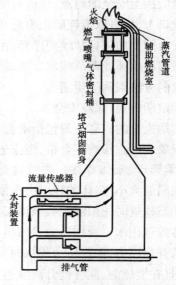

图 5.6　安全排气系统的原理图

在该系统中,采用密封筒使排放的燃气与系统之间进行某种隔离,图 5.7 是密封筒的水封原理图。在这种烟囱上,通常又要采用某种密封方式,以防止烟囱本身的危险。图 5.8 是采用气体密封烟囱的原理图。此方式适用于比空气轻的或比空气重的密封的气体。

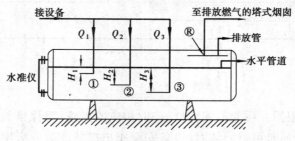

图 5.7　密封筒的水封原理图

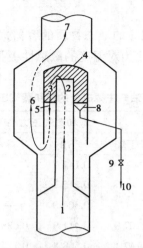

图 5.8　烟囱的气体密封原理图

1—燃气进口；2—燃气出口；3—惰性气体充填室；4—密封盖；5—密封盖出口；
6—隔离室；7—上部燃烧室；8—冷凝液收集槽；9—阀门；10—冷凝液排出口

5) 安全回流阀

安全回流阀是正常状态的常闭设备。它通常安装在液化石油气储配站的一些工艺中。例如，灌装工艺中的容积式叶片泵出口的液相回流管上，安装安全回流阀的目的在于能在管路超压时起到溢流作用，防止管路超压。

图 5.9 是安全回流阀的结构示意图；图 5.10 是液化石油气灌瓶工艺中使用安全回流阀的例子。

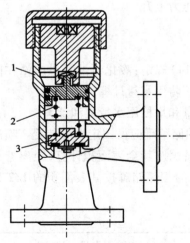

图 5.9　安全回流阀的结构示意图
1—阀体；2—弹簧；3—活门

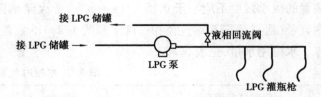

图 5.10　灌瓶工艺中的安全回流设计示例

5.2.2 自动降温装置

对于装有蒸气压随温度变化明显的液态物质的容器,如液化石油气储罐,罐内的超压是由于温度升高引起的,这些介质的压力对温度的敏感性极强。表 5.6 是液化石油气主要成分的饱和蒸气压与温度的关系。

表 5.6 液化石油气主要成分的饱和蒸气压与温度的关系

温度/℃	饱和蒸气压力/MPa							
	丙烷	正丁烷	异丁烷	丙烯	丁烯-1	顺丁烯-2	反丁烯-2	异丁烯
-40	0.107 9	—	—	0.147 1	—	—	—	—
-30	0.156 9	—	—	0.215 7	—	—	—	—
-20	0.235 4	—	—	0.304 0	—	—	—	—
-10	0.333 4	0.068 6	0.107 9	0.411 9	0.088 3	0.058 8	0.068 6	0.088 3
0	0.460 9	0.098 1	0.147 1	0.568 8	0.127 5	0.088 3	0.098 1	0.127 5
10	0.617 8	0.147 1	0.215 7	0.755 1	0.176 5	0.127 5	0.137 3	0.176 5
30	1.059 1	0.274 6	0.382 5	1.255 3	0.333 4	0.264 2	0.264 8	0.343 2
40	1.353 3	0.362 8	0.500 1	1.588 7	0.451 1	0.323 6	0.353 0	0.451 1
50	1.706 4	0.480 5	0.657 0	1.990 8	0.578 6	0.431 5	0.470 7	0.588 4
60	2.118 2	0.617 8	0.833 6	2.451 7	0.774 7	0.559 0	0.598 2	0.666 9

在意外升温的场合,当发生火灾时,安全阀的泄压可能是不起作用的,而泄压的排放物又可能成为另外一个爆炸源,这时,采用自动降温装置是非常有效的。

当罐区温度升至某一危险值时,温度感应装置控制水泵的启动,高压的水通过设在储罐上的水喷淋装置喷洒到罐体上,降低储罐的温度,防止罐内压力上升。

1) 消防用水量

根据《建筑设计防火规范》(2018 年版)(GB 50016—2014)规定:液化石油气供应站在同一时间内,火灾次数按一次考虑,站区消防用水量按储罐区消防用水量计算。

液化石油气储罐的消防用水量应按固定冷却设备用水量和水枪用水量之和计算。

按规定:储罐总容积超过 50 m³或单罐容积超过 20 m³的储蓄罐应设固定喷淋装置。喷淋装置的供水强度不应小于 0.15 L/(s·m²),着火储罐保护面积按其全表面积计算,距离着火罐直径(卧式罐按其罐直径和长度之和的 1/2)1.5 倍范围内的相邻储罐按其表面积的 1/2 计算。水枪用水量,见表 5.7。

表 5.7 水枪用水量

储罐总容积/m³	单罐容积/m³	水枪用水量/(L·s⁻¹)
<500	≤100	20
501~2 500	≤400	30
>2 500	>400	45

2)消防水泵

消防水源包括:城市(工厂)给水管道、天然水源、自备水井、消防水池。水源必须满足火灾延续时间 6 h 内消防总用水量。

3)消防水泵房、供水管道和消火栓

单独设置的消防水泵房与储罐间距应按照规范的规定来确定。消防水泵应采用自灌式吸水,并设有备用泵,保证发生火警 5 min 之内开始工作。消防供水管道应采用环状管网,向环状管网供水干管不应少于 2 根;消防管道可与生产、生活给水管道合并设置,但必须保证当生产、生活用水量达到最大时,仍能保证消防所需总用水量。站区的消防供水支管应与生产、生活供水管道分开布置,支管上设控制阀,支管管径不小于 100 mm,以不小于 3‰ 的坡度坡向干管。消火栓根据总平面布置情况就近保护对象布置,应设在防火堤外,与储罐间距不应小于 15 m。环状管网应设水泵接合器。

4)储罐固定冷却装置

储罐区发生火灾时,燃烧猛烈,储罐温度升高很快,而液化石油气体积膨胀系数大,因此罐内压力急剧增大,会造成严重后果;另外,储罐在夏季炎热阳光暴晒下,也会处于危险状态。为了有效防止这类情况发生,要求设置固定冷却喷淋装置。固定喷淋装置按火灾时喷淋强度设置,夏季降温喷淋装置不必单独考虑。储罐固定喷淋装置可采用钻孔的喷淋管或水雾喷头。其喷淋强度为 0.15 L/(s · m²),即 9 L/(min · m²)。储罐喷淋管孔径、孔数和开孔位置,以及喷雾头个数和布置应能保证向储罐均匀喷水,并覆盖全部表面。储罐的液位计、底部主要阀门和钢支柱也应设辅助喷淋装置。

(1)钻孔喷淋管基本计算公式

$$u = \varphi \sqrt{2gH} \tag{5.2}$$

$$H = H_0 + \frac{u_0^2}{2g} \tag{5.3}$$

$$q = \mu f \sqrt{2gH} \times 10^{-3} \tag{5.4}$$

式中　u——出口流速,m/s;

　　　φ——流速系数;

　　　H——喷头入口处水压,mH$_2$O[①];

　　　g——重力加速度,9.8 m/s²;

　　　H_0——喷头入口处静水压,mH$_2$O;

　　　u_0——喷头入口处流速,m/s;

　　　q——喷头出流量,L/s;

　　　f——喷孔断面积,mm²;

---

① 1 mH$_2$O=9.8 kPa,下同。

μ——喷孔流量系数，$\mu = \varphi\varepsilon$；

ε——水流断面收缩系数。

对于圆形喷孔：

$$q = \mu \frac{\pi d^2}{4} \sqrt{2gH} \times 10^{-3} \tag{5.5}$$
$$= 3.479\mu d^2 \sqrt{H} \times 10^{-3}$$

式中　π——圆周率；

　　　d——圆孔直径，mm。

喷淋管开孔数 N（个）：

$$N = \frac{Fq_s}{q} = \frac{4.808Fq_s}{\mu d^2 \sqrt{H_1 - H_2}} \tag{5.6}$$

式中　F——储罐外表面积，m^2；

　　　q_s——喷淋强度，9 L/（min·m^2）；

　　　H_1——喷水孔前水压，取 30 mH_2O；

　　　H_2——喷水孔后水压，取 10 mH_2O。

（2）水雾喷头

在条件许可情况下，水雾喷头是固定冷却装置的理想部件。它是利用水雾喷头在一定水压下将水喷成细水雾进行灭火或防护冷却。相同体积的水以雾滴形态与射流形态的表面积相比要大 900 倍，雾滴形成巨大的换热表面，使燃烧物质表面温度迅速下降，在上述作用的同时，还有以下 3 种灭火作用存在：一是窒息作用，二是乳化作用，三是稀释作用。

水喷淋的量根据罐体面积的大小确定，尤其要保证液位计等设备的水喷淋。消防水量应符合规范相应的连续供水时间要求。水雾喷头基本计算式：

$$q = K\sqrt{p_1 - p_2} \tag{5.7}$$

$$N = \frac{Fq_s}{K\sqrt{p_1 - p_2}} \tag{5.8}$$

式中　q——喷头出流量，L/min；

　　　K——喷头流量系数，见表 5.8；

　　　p_1——喷水孔前水压，取 10 mH_2O；

　　　N——喷头个数；

　　　F——储罐外表面积，m^2；

　　　q_s——喷淋强度，L/（min·m^2）。

表 5.8　水雾喷头的规格参数

型　号	接管螺纹 /in	额定工作压力 /10^5 Pa	流量 /（L·min^{-1}）	雾化角 /（°）	水平射程 /m	雾滴平均直径 /mm	流量系数 $K = \dfrac{q}{\sqrt{p}}$	外形尺寸 /mm	
								H	R
ZSTWA—30—120	$\dfrac{1}{2}$	3.5	30	120	4.5	0.472	15.75	48	32

型　号	接管螺纹/in	额定工作压力/10^5 Pa	流量/(L·min^{-1})	雾化角/(°)	水平射程/m	雾滴平均直径/mm	流量系数 $K=\dfrac{q}{\sqrt{p}}$	外形尺寸/mm	
								H	R
ZSTWA—30—90	$\dfrac{1}{2}$	3.5	30	90	4.5	0.472	15.75	48	32
ZSTWA—50—120	$\dfrac{3}{4}$	3.5	50	120	5.5	0.468	27.3	52	42
ZSTWA—50—90	$\dfrac{3}{4}$	3.5	50	90	5.5	0.468	27.3	52	42
ZSTWA—80—120	1	3.5	80	120	5.5	0.509	42.64	70	46
ZSTWA—80—90	1	3.5	80	90	5.5	0.509	42.64	70	46

5.3　安全切断技术

当事故发生时,与事故现场相邻的管道或设备将处于危险状态,或者管道和设备本身是可以使事故扩大的一种源头,那么采用安全切断的方法可以使事故扩散的可能性减少。因此,在许多系统中,采用安全切断技术作为系统的安全保证是必要的。

5.3.1　紧急切断系统

高压管路的紧急切断系统由紧急切断装置和危险参数感应装置构成,系统中使用的主要设备是紧急切断阀和易熔合金塞。图 5.11 是油压式紧急切断阀的结构示意图。该阀门在正常状态下依靠高压油的压力使阀口开启,油泵将加压的油沿油管送到紧急切断阀上部的油孔并进入油缸中。加压的油在阀内油缸中克服弹簧力,推动带阀芯的缸体下降,使阀芯与带活塞杆的固定阀座离开,阀门开启,液体由下而上流出。

当发生事故时,使油缸泄压,这时阀芯在弹簧力的作用下向上移动,恢复到原来的位置,阀芯也紧紧地压在阀座上,起到紧急切断的作用。危险参数的感应装置通常使用易熔合金塞,用它感应危险场所的温度。它设置在危险场所的紧急切断阀的油路上。易熔合金塞的安装参见图 5.15。常用的易熔合金的性质见表 5.9。

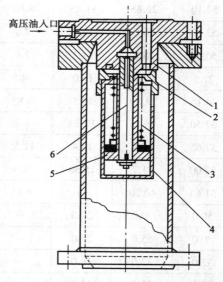

图 5.11　油压式紧急切断阀的结构示意图
1—阀座;2—阀芯;3—弹簧;4—油缸;
5—活塞;6—活塞杆

表 5.9 可熔合金成分与自重流动点

合金成分/%					熔融区域/℃			备 注
Bi	Pb	Sn	Cd	其他	起始点	终结点	自重流动点	
44.7	22.6	8.30	5.30	In19.0	46.9	46.7	46.7	共晶体
42.34	22.86	11.00	8.46	In15.34	47.0	48.0	47	—
49.40	18.00	11.60	—	In21.00	58.0	58.0	58.0	共晶体
53.50	17.00	19.00	—	11.40	In10.50	60.0	60.0	—
42.80	22.80	11.40	8.50	In14.5	60	68	63	共晶体
45.10	24.00	12.00	9.10	Hg 9.8	64	69	65	—
49.30	26.30	13.20	9.80	Ga1.40	65	66	66	—
35.60	49.10	—	—	Hg15.30	55	106	67	—
47.50	25.40	12.60	9.50	Hg 5.0	67	70	68	共晶体
50.00	26.70	13.30	10.00	—	70.0	70.0	70.0	利波维茨可熔合金
50.00	25.00	12.50	12.50	—	60	72	70	伍德合金
42.50	37.70	11.30	8.5	—	70	78	71	—
34.50	9.30	6.20	—	70	78	72		—
35.30	35.10	20.10	9.50	—	70	105	76	—
38.40	30.80	15.40	15.40	—	70	97	78	—
57.10	22.85	11.45	8.60	—	—	73	—	—
52.20	26.0	14.8	7.0	—	—	73.5	—	—
50.00	28.0	14.3	7.1	—	—	74	—	—
27.5	27.5	10.0	34.5	—	—	75	—	—
44.15	23.50	23.5	8.85	—	—	75	—	—
57.50	—	17.30	—	In25.20	78.8	78.8	78.8	共晶体
57.65	15.4	15.4	11.55	—	—	82	—	—
52.00	31.7	15.30	1.0	—	83	92	89	—
51.65	40.20	—	8.15	—	91.5	91.5	91.5	共晶体
50.0	30.0	20.0	—	—	—	92	—	—
50.0	25.0	25.0	—	—	—	93	—	—
52.0	32.0	16.0	—	—	95	95	95	—
52.5	32.0	15.5	—	—	95	96	95	—
33.6	33.1	19.1	14.3	—	—	93	—	—
50.6	31.2	18.8	—	—	—	91	—	牛顿合金

通常将熔点在200℃以下的金属称作低熔点合金、易熔合金或可熔合金。利用易熔合金的这种性质，当火灾导致温度上升时，金属熔化而使紧急切断阀的高压油路泄压，实现紧急切断。图5.12是液化石油气的储罐上设置紧急切断系统的例子。

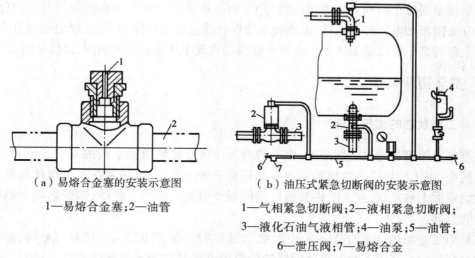

（a）易熔合金塞的安装示意图

1—易熔合金塞；2—油管

（b）油压式紧急切断阀的安装示意图

1—气相紧急切断阀；2—液相紧急切断阀；

3—液化石油气液相管；4—油泵；5—油管；

6—泄压阀；7—易熔合金

图5.12　易熔合金塞在紧急切断系统中的应用

在需要紧急切断的系统中也可采用电磁阀和电动液压阀，图5.13（a）是一种电动液压阀的结构示意图，图5.13（b）是直接作用式电磁阀的结构示意图。

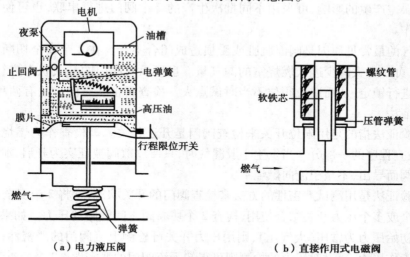

（a）电力液压阀

（b）直接作用式电磁阀

图5.13　电力液压阀和直接作用式电磁阀结构示意图

传统的电磁阀中的电动部件可以是交流螺线管、整流交流螺线管或直流螺线管，气阀部件可以是直接作用式的阀门，当螺线管中有电流通过时，阀门被线圈所产生的磁力吸住而开启，一旦螺线管的电流被切断时，阀门则在弹簧力的作用下迅速关闭，也可用手动复位的阀门或断电开启的阀门。

电磁阀广泛用作控制阀和紧急切断阀。多数切断阀都采用圆盘式，阀盘和阀座二者的接触面上衬以柔性材料，小的固体颗粒可以嵌入柔性材料中，只要有足够的闭合力就不会影响阀门的闭合性。

在燃烧系统中用于控制燃烧器气源的电磁阀,阀口的密封力一般不小于 14 kPa。电力液压阀是应用普通电磁阀作为控制阀的安全切断阀,通电时,电磁阀关闭,电机运转,设置在其中的油泵使油通过止回阀。油作用在膜片上,油压克服弹簧的压力而使阀门开启,直到被限位行程开关阻断和电极停止运转,电磁阀继续保持通电直至电流切断,此时电磁阀开启,使油从膜片上部的高压区流到油槽里。在所有的圆盘式阀中都应采用软面阀,以保证闭合严密。

5.3.2　安全切断系统

1)非工作状态的燃气切断

在燃气应用设备的供气管路上,管道的内漏往往会导致重大事故的发生。例如,在工业加热系统中,由于加热设备的加热室通常都是近乎密闭的环境,如果在非工作状态燃气泄漏进入燃烧室而未被发现,点火时将造成严重的爆炸事故。许多工业炉、锅炉燃烧室的爆炸事故都由此引起。

在类似工业加热装置的燃烧系统中,燃气通路的安全关闭是需要绝对可靠的,必须尽量地减少关断失败。减少关断失败可能性的最简单方法是在需要关断的管路上设置 2 个串联阀门。如果 1 个阀门失效的可能性是 P,则 2 个阀门失效的可能性则为 P^2,这可以明显地提高可靠性。但如果不及时对阀门的情况进行检查,就可能发生 2 个阀门连续失效的可能。为了消除制造误差产生的影响,可采用不同批次生产的 2 个阀门进行串联,也可使 2 个阀门按不同方式工作。

小股漏气的最常见原因是阀面肮脏或受损造成闭合不严。在 2 个安全切断阀之间加装一个放散阀,可以大大减少进入燃烧室的漏气量。也可以对阀门的开关状态进行检查,必要时将燃烧器进行锁定,从而避免阀位不当时试点火。检查阀位状态的方法有两种,阀位验证法和压力验证法。

①阀位验证法指的是用限位开关来检查阀门是开还是关。该检查作为燃烧器每次工作前、后总的检查程序的一部分。当发生小股漏气时,只要放散阀被证实为开启,泄漏的燃气就可通过放散阀而导出,不至于流向燃烧室。

②压力验证法是用测试严密性的方法来检查阀门的开关状态,常将 2 个安全切断阀、1 个放散阀同 1 个或多个压力开关结合使用,检查 2 个切断阀之间管路的压力。如果 2 个阀门之间封闭段的初始压力为常压(大气压),则用压力开关可检测上流阀门的严密性;如果初始压力为管路的工作压力,通过对压力的检测则可得知下流阀门的严密性。2 个检查都进行完毕,就可判断 2 个切断阀是否漏气。图 5.14 是压力验证法的示意图。

2 个压力开关,1 个置于管路的工作压力,1 个置于常压。上流切断阀侧的旁通管上安装 1 个小型安全切断阀。点火之前的检查程序如下:关闭放散阀,监测大气压,如果一定时间内不存在由于上流阀门漏气而产生的可察觉的压升,则开启旁通阀使封闭管段达到工作压力,然后关闭。用另一个压力开关监测一段时间就可得到管道的工作压力。如果两部分的工作都满意,就可以进行点火。关闭燃烧器时,此程序相反。在特大型的燃烧系统中,必须安装上述的阀位验证系统或压力验证系统。

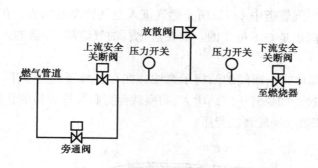

图 5.14　压力验证系统示意图

2) 低压关断装置

当燃气压力低于某一数值时,有必要对燃烧器前的燃气进行切断。图 5.15 是一种低压断流开关的结构示意图。它通常安装在压缩机的进口,用于在进气压力低于某一数值时切断压缩机的电源。

图 5.16 是一种典型的低压关断阀。由于膜片的辅助补偿作用,当此阀处于关闭状态时,单靠恢复进口的压力不能使之开启,必须手动复位,这是所有起保护作用的阀门所必须具备的特点。为恢复向燃烧器供气,需要满足 3 个条件:燃气压力到达某一正确值,关闭下流所有的阀门,手动复位阀门。

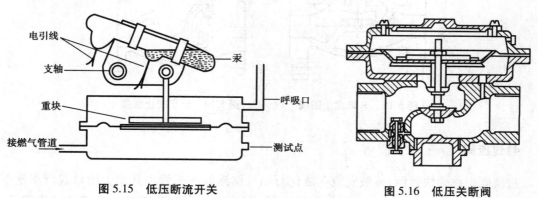

图 5.15　低压断流开关　　　　　　　　　图 5.16　低压关断阀

对于图 5.16 所示的低压关断阀,如果下游的阀门全部处于关闭状态,此阀出口处的压力就会逐渐积聚起来,直到膜片上产生足够的压力使阀门开启。重新开启的时间随着下游管路容积的增加而增加,使用时最多考虑长 30 m 的管路。

低压关断阀可防止产生未燃气体进入燃烧器的可能性,但并不能用于代替火焰保护系统。也可把安全切断阀和压力开关相结合替代此低压关断阀。

3) 止回阀

止回阀的主要作用是防止介质倒流。在某些工艺过程中,介质倒流会酿成重大的事故。在燃烧系统中,止回阀安装于为高压燃烧器供气的管路中,以防止助燃空气或氧气流进燃气输配管道;若安装于空气管道中，可以防止燃气进入空气管路或风机。在液化石油气储配站的许多工艺中,止回阀也是必不可少的。如在液化石油气储罐、容器的入口管及泵的出口管处安装该阀门。

图 5.17 是一种膜片式止回阀的结构示意图。在存在背压的情况下,膜片就会向阀头靠紧,阻止逆向气流通过。如果背压继续增大,阀座就会克服支撑弹簧的作用而向阀座靠紧,从而有更大的受压面积来承受较高的背压。

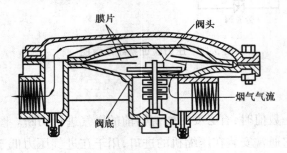

图 5.17 止回阀

图 5.18 和图 5.19 是止回阀的另外两种形式,升降式和旋启式。

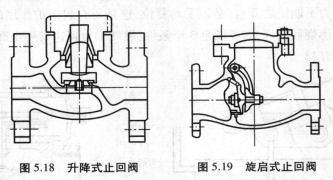

图 5.18 升降式止回阀　　图 5.19 旋启式止回阀

4)过流阀

过流阀也称为快速阀,一般安装在液化石油气储罐的液相管和其相关出口或汽车槽车、铁路槽车的气液相出口上。在正常工作状态下,管道中通过规定流量时,弹簧使过流阀是开启的,此时设备内的流体就从阀中通过。当发生事故时,如出现管道或附属设备断裂、填料脱落等情况,管道或容器内的介质就会大量泄出,其出口速度便超过正常流速,当达到规定流量的 150%~200% 时,作用在阀瓣上的力大于正常状态下弹簧的反力,阀瓣压缩弹簧使阀口关闭,从而防止设备、容器内的液体大量流出。当事故排除后,液体从均压孔慢慢流过,经一段时间后,阀瓣前后的压力相接近,阀瓣便在弹簧的作用下,恢复到原来正常开启的状态,设备内的介质又可从阀内通过。

过流阀有弹簧式和浮筒式两种,常用的是弹簧式。通过能力的计算由下式进行:

$$G = \frac{K\gamma(d_2 - d_1)^2}{M^2}$$

(5.9)

式中　　G——流体的通过能力，kg/s；

　　　　d_1——阀芯直径，m；

　　　　d_2——阀壳内径，m；

　　　　M——最大允许流量的比值，一般取 1.5~2.0；

　　　　γ——介质的体积质量，kg/m³；

　　　　K——系数，与阀门的构造、尺寸、安装方式有关。

　　设计阀门时通常取值为：环形焊缝口，$K=240~320$；垂直安装向上流时 $K=300$；垂直安装向下流时 $K=250$；水平安装时 $K=275$。d_2 一般取安装过流阀的管道直径的 0.85 倍，阀座的内径一般取阀芯直径的 0.85 倍，阀芯的升起高度取阀芯直径的 0.21 倍。

　　弹簧力的大小由下式决定：

$$F = 0.014\ 5\gamma W^3 d_1^2 \tag{5.10}$$

式中　　F——弹簧力，N；

　　　　W——阀门正常工作状态时的空隙流速，m/s。

　　阀芯的自重应为最大弹簧力的 8%~12%。

5）自闭阀

　　管道燃气自闭阀，简称自闭阀，安装于低压燃气系统管道上，当管道供气压力出现欠压、超压时，不用电或其他外部动力，能自动关闭并须手动开启的装置，如图 5.20 所示。安装在燃气表后管道末端与胶管连接处的自闭阀应具备失压关闭功能。管道燃气自闭阀适用于管道天然气、液化石油气、人工煤气。管道燃气自闭阀基本原理是把永磁材料按照设计要求充磁制成永久记忆的多极永磁联动机构，对通过其间的燃气压力参数的变化进行识别，当超过安全设定值时自动关闭阀门，切断气源。

图 5.20　自闭阀

图 5.21　超压安全切断阀

6）超压安全切断阀

　　通过感应调压器出口的压力状况，在出口压力超过管道运行压力的额定值时，利用管道内的燃气本身具有的压力，将燃气进行切断，这是一种更好的防超压安全技术。这一过程由超压安全切断阀来完成，如图 5.21 所示。管道压力正常时，手柄的方向处于介质的运动方向，阀门处于开启状态。压力传感器与管道内的介质相连,当管道内的介质压力升高到阀门的切断压力时,阀门内维持开启状态的锁扣脱开,阀门关闭,切断燃气的供应,手柄处于垂直向下的位置。在确定系统的设备故障确已消除后,采用人工的方法加以复位,系统恢复正常供气。

5.3.3 熄火保护系统

正常的燃烧过程意外终止时,发生爆炸事故的可能性是相当大的。一种情况是点火失败后如果燃气供应不被终止,再点火时便会发生爆炸;另一种情况是,由于燃烧不稳定导致火焰熄灭,如不及时关闭燃气通路,燃气在燃烧室的积聚导致爆炸发生。因此,许多的燃烧设备或燃烧系统都必须安装熄火保护系统。

对于熄火保护系统中使用的熄火保护装置,一般应符合下列要求:

①保证燃烧器正确的点火程序。

②在小火点燃以前,确保燃气不流向主燃烧器。

③在主燃烧器点燃之前,确保燃气不以满负荷流向主燃烧器。

④不存在任何固有的缺陷,只要正确地组装,就不会失效从而造成危险。

⑤在火焰意外熄灭时,中断向燃烧器全部供气,然后要求手动复位(在装有熄火保护装置的任何燃烧设备中,不宜使用不加保护的小火点火器)。

⑥只对小火焰为主火进行点火的部分进行检测,也就是说,火焰检测器不因不直接为主火点火的火焰的存在而动作,也不因某些模拟火焰条件的存在而动作。

⑦除热电式和热胀式装置外,都应具有安全启动检查程序,只要点火前处于"火焰-开"的状态,就应制止燃气阀门和电点火装置动作,热电式装置在小火确实点燃前,都应确保能手动切断主火燃气。

⑧机械和电气构造都应便于维修,并应适应燃气特性和供电电压等因素的变化。

⑨对于不同的安全保护对象,熄火保护装置的动作时间要求并不一样,最短的动作时间要达到 1~2 s,而最长的时间也不会超过 60 s。

1) 热控式熄火保护装置

热控式熄火保护装置常用于家用燃具,可以是热胀控制的,如双金属片型、液体膨胀型、蒸气膨胀型等,也可以是热电控制式的,如热电磁阀和热电偶继电装置、直流电磁阀等。热电式装置的优点是价格便宜,不用电,但只能用于热负荷低的燃具。几乎没有任何热胀控制式装置能完全满足熄火保护的有关要求,因此工业上更多的用热电控制式装置。

图 5.22 是最常用的一种直接作用式热电熄火保护装置。按压复位键使辅助阀关闭通向主燃烧器的燃气通路,并继续运动使主阀升高,燃气流向小火燃烧器并在那里被点燃。复位键按到头,衔铁被电磁铁吸引,只要热电偶足够热,电磁铁就通电励磁,使主燃气阀保持开启。放松复位键,辅阀打开,燃气流向主燃烧器。如果主火熄灭,热电偶变冷,电磁铁就会失去磁性,主阀随即关闭。

除直接作用式装置外,还有一种间接作用式的,热电偶作用于电磁开关而不作用于电磁阀。

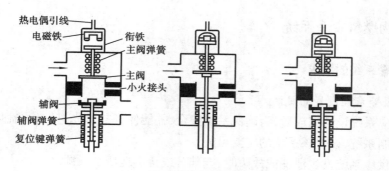

图 5.22　直接作用式电磁阀

2) 紫外线火焰检测器

灼热的炉壁不会发出紫外线,因此检测火焰紫外辐射是判断火焰是否存在的准确手段。紫外线的其他唯一来源是点火用的火花,因而必须将连续发出电火花的点火器屏蔽起来。紫外线会被某些蒸气特别是芳香烃蒸气吸收,因此必须把检测器安装于靠近火焰的适当位置。

这种检测器包括一个对于火焰敏感的电极和一个电子放大器。它检测的是火焰而不是热量,响应速度快,且适用于较高的温度。这种熄火保护装置广泛使用于工业加热系统中。图 5.23 是安装于工业炉上的紫外线火焰检测装置。图 5.24 是检测系统的电路原理图。

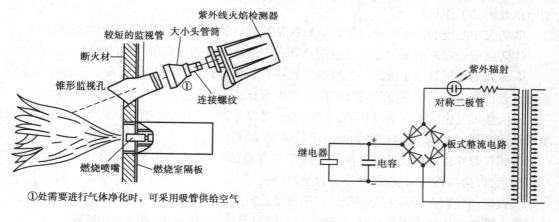

①处需要进行气体净化时,可采用吸管供给空气

图 5.23　紫外线火焰检测器　　　　　图 5.24　对称二极管紫外线火焰检测电路原理图

3) 火焰电离检测器

火焰中存在有电离微粒,因此可以将火焰作为导电体或用火焰离子把交流电整流来对火焰进行检测。现在已有利用火焰电离原理进行检测的实用电子电路。这种检测器包括一个置入火焰的探头(探针)和一个电子放大器。一般用于民用燃气用具的熄火保护系统中。在燃气热水器和燃气灶上可以广泛见到。

但无论是把火焰作为导体还是利用火焰离子整流,都必须把探头放入火焰中,因此应在探头上覆盖一层耐高温的材料,通常使用铂,但还是有可能在探头上积累炭黑或灰分,产生短路电流。

5.3.4　建筑物燃气安全系统

1)安全报警系统的要求

（1）安全报警系统设置的目的

当燃气供应系统设计完成后，为确保系统安全，并能使其技术先进，必须辅以燃气的安全报警和自动控制系统，设置该系统的主要目的：

①当燃气供应系统发生泄漏或故障时，能部分或全部地切断气源。

②当发生自然灾害时，系统自动地切断进入建筑物内部的总气源。

③当建筑物安保防灾中心认为必要时，对局部或全部气源进行控制或切断。

④用以对建筑物燃气供应系统的运行状况进行监测和控制。

⑤用以确保燃气供应系统运行工况正常，安全可靠。

（2）安全报警系统设计注意事项

为了这些目的，在进行安全报警和自动控制工艺设计时，应注意以下问题：

①所有燃气供应系统有关的安全报警和紧急切断阀位置、编号，均应接至大楼的安保、防灾中心，并能及时清晰地显示其工作状态。

②通风时，所有的通风机和电磁阀的位置、编号均应接至大楼的安保防灾中心，并能及时清晰地显示其工作状况。

③防灾中心应能清晰地显示紧急切断阀及其对应的安全报警器和它们所服务的区域。

④防灾中心应能清晰地显示电磁阀及其对应的通风机和它们所服务的区域。

⑤前述的不同管道系统的压力级制系统应有其相对独立的燃气供应安全报警自控系统，而分支管道系统又是各独立的燃气供应安全报警自控系统的子系统。

⑥大楼燃气供应系统的总切断阀应设于大楼以外，而各个独立燃气供应系统应在始端设置紧急切断阀，各分支管也应在始端设紧急切断阀。

⑦燃气管穿越地下层及其车库和一些不可穿越的场所，设置套管进行封闭，同时设置安全报警器，以检测燃气的泄漏，便于及时予以控制。

⑧大楼的竖直立管的末端应设置过压自动放散阀门。

⑨大楼内各用气层采用机械通风时，应设置与通风机连锁的电磁阀或切断阀。

⑩泄漏报警的浓度界限为运行燃气爆炸下限值的25%，报警持续1 min后，服务于该区域的紧急切断阀立即自动切断气源。

⑪事故或故障排除后，紧急切断阀一般现场开启，以避免误操作造成事故，但在确认必要时，也可在防灾中心直接开启。

⑫安全报警器一般安装在空气流的下游，以利于及时有效地探测燃气管道是否有泄漏。

⑬竖直立管的管道井应设法使其末端与大气相通，以达到通风换气的目的。

图 5.25 是某大楼的安全系统原理图。

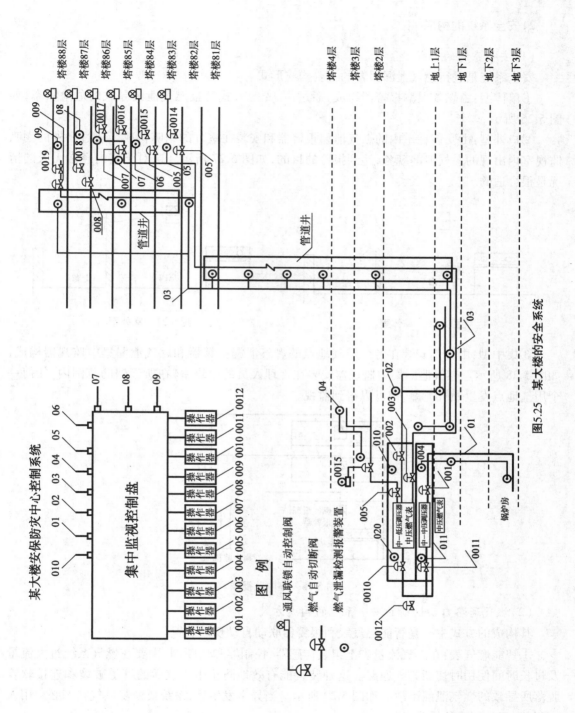

图5.25 某大楼的安全系统

2)安全系统的构成

（1）安全系统的形式

安全系统是进行燃气泄漏报警的主要构成形式。

①单体型：由燃气泄漏报警器组成，通过声、光等方式警报燃气泄漏导致的危险状态，如图5.26所示。

②户外型：由安装在室内的燃气泄漏报警器和安装在室外的喇叭构成。通过户外的喇叭监视室内出现的燃气泄漏现象，达到报警的目的，如图5.27所示。这对于室内经常无人的情况是很合适的。

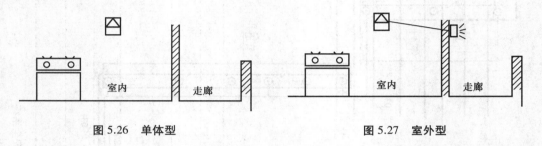

图5.26　单体型　　　　　　　　　　　图5.27　室外型

③集中型：由分别安装在各个用气地点的燃气泄漏报警器和燃气泄漏集中监视器构成，如图5.28所示。燃气泄漏集中监视器安装在管理人员的值班室，在所管辖的范围内，任何一个用气地点发生燃气泄漏，都可以得到监视。

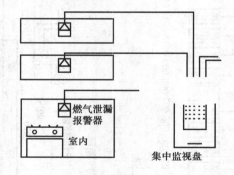

图5.28　集中监视型

（2）燃气通路自动切断的安全系统的构成方式

其构成的方式主要是智能燃气表和报警器联动自动切断装置。

①智能燃气表：在燃气流量表上组装传感器、控制器和切断阀，主要在燃气系统过大流量及过长时间使用时切断燃气通路。这种装置能有效地防止由于表后的管道破裂和连接软管脱落所导致的燃气泄漏事故。如图5.29所示。当异常发生后，系统要恢复供气状态必须用人工复位，而且要确认异常已经解除。

②报警器联动自动切断装置：由燃气泄漏报警器、控制器和燃气切断阀构成。当燃气发生泄漏并达到一定的浓度时，燃气泄漏报警器便开始报警，同时控制器指挥燃气切断阀切断燃气通路，如图5.30所示。这种系统通过切断阀与燃气泄漏报警器的联动，可以有效解除由于燃气

泄漏可能带来的事故危险。该系统同时还具有手动复位的功能和复位安全确认功能。

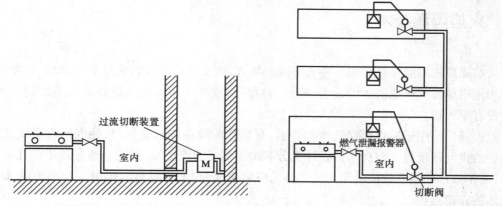

图 5.29　过流自动切断系统　　　　图 5.30　燃气泄漏报警器联动自动切断装置

　　对于选择何种安全系统要根据具体情况决定。一般情况下,在可以集中监视建筑物的保安状况的地方可以采用集中监视方式,但如果安装燃气泄漏报警器的场所经常有人,并且建筑物的保安状况可以监视时,只设燃气泄漏报警器。在特定的地下室,设有中压燃气设备的场所,设置燃气泄漏报警装置是必要的,而且还应该进行户外报警。

　　如果由于燃气泄漏产生的事故还有可能影响到周围的建筑和相关的其他设施,则必须设置燃气自动切断装置和紧急切断系统,这样可方便进行安全管理。

　　图 5.31 是几种高层建筑安全系统的概念图。

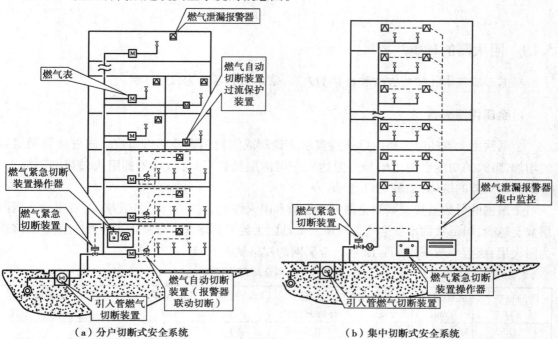

图 5.31　高层建筑安全系统概念图

5.4 火焰隔离技术

火焰隔离技术通常是采用一些火焰隔断装置,防止火焰窜入有爆炸危险的场所,如输送、储存和使用可燃气体或液体的设备、管道、容器等,或者防止火焰向设备或管道之间扩展,主要装置有阻火器。

阻火器广泛用于输送可燃气体的管道、有爆炸危险系统的通风口、油气回收系统及燃气加热炉的供气系统等。阻火器的设计充分利用了燃气的猝熄原理,火焰通过狭小的孔口或缝隙时,由于散热和器壁效应的作用使燃烧反应终止,起到火焰隔离的作用。表 5.10 是常见可燃气体的猝熄直径。

表 5.10　几种可燃气体的猝熄直径

气体名称	猝熄直径/mm	气体名称	猝熄直径/mm
甲烷-空气	3.68	城市煤气-空气	2.03[①]
丙烷-空气	2.66	乙炔-空气	0.78
丁烷-空气	2.79	氢-空气	0.86
己烷-空气	3.05	丙烷-氧气	0.38
乙烯-空气	1.90	乙炔-氧气	0.13
氢气-氧气	0.30		

①指(H_2)= 51%的城市燃气。

5.4.1　阻火器的种类

根据形成狭小孔隙的方法和材料的差别,常用阻火器分为以下 3 种:

1)金属网阻火器

金属网阻火器的阻火层由单一或多层不锈钢或铜丝网重叠起来组成。随着金属网层数的增加,阻火的功能也随之增加。但达到一定的层数以后,层数增加的阻火效果并不显著。金属网阻火器的结构,如图 5.32 所示。

金属网的目数直接关系到金属网的层数和阻火性能,一般而言,目数越多,所用的金属网层数会越少,但目数的增加会增加气体的流动阻力且容易堵塞。常采用 16~22 目的金属网作为阻火层,层数一般采用 11~12 层。金属网的规格见表 5.11。

表 5.11　几种金属网的规格

网的目数[①]/目	孔眼宽度/mm	网丝直径/mm	金属网有效面积比	网的目数[①]/目	孔眼宽度/mm	网丝直径/mm	金属网有效面积比
18	1.06	0.38	0.56	40	0.40	0.22	0.40
28	0.53	0.38	0.34	60	0.25	0.17	0.34
30	0.58	0.28	0.34	80	0.2	0.13	0.35

①指每 25.4 mm 长度内的孔眼数。

2) 波纹金属片阻火器

波纹金属片阻火器是由交叠放置的波纹金属片组成的有正三角形孔隙的方形阻火器,或是将一条波纹带与一条扁平带绕在一个芯子上做成的圆形阻火器。带的材料一般为铝,亦可采用铜或其他金属,厚度为 0.05~0.07 mm,波纹带的正三角形孔隙高度为0.43 mm。波纹金属片阻火器的结构,如图 5.33 所示。

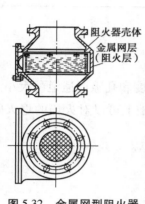

图 5.32　金属网型阻火器

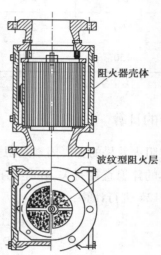

图 5.33　波纹金属片阻火器

3) 充填型阻火器

充填型阻火器的阻火层用沙砾、卵石、玻璃球或铁屑作为充填料,堆积于壳体之中,在充填料的上方和下方分别用 2 mm 孔眼的金属网作为支撑网架,以使壳体内的空间被分割成许多细小的孔隙,达到阻火的目的。

砾石的直径一般为 3~4 mm,也可用玻璃球、小型的陶土环形填料、金属环、小型玻璃管及金属管等。在直径 150 mm 的管内,阻火器内充填物的厚度视填料的直径和可燃气体的猝熄直径而定,参见表 5.12。

表 5.12　充填型阻火器的阻火层厚度

猝熄直径/mm	砾石直径/mm	厚度/mm
1~2	1.5	150
2~3	3.0	150
3~4	4.0	150

充填型阻火器的壳体长度与相配合的管道的直径有关,参见表 5.13。

表 5.13 管道直径与充填型阻火器的壳体长度

公称直径/mm	阻火器内径/mm	阻火器壳体长度/mm	公称直径/mm	阻火器内径/mm	阻火器壳体长度/mm
15	50	200	50	200	350
20	80	230	70	250	400
25	100	250	80	300	450
40	150	300	100	400	500

5.4.2 阻火器的计算

影响阻火器阻火效果的主要因素是阻火层的厚度和孔隙或通道的大小。孔隙或通道的大小与可燃气体的猝熄直径有关,在猝熄直径的基础上可以对火焰的熄灭间隙按经验公式(5.11)、公式(5.12)进行计算:

$$\{d_0\} = 4.53H^{0.403} \tag{5.11}$$

$$D_0 = 1.54d_0 \tag{5.12}$$

式中 d_0——熄灭间隙,mm;

   H——最小点火能,mJ;

   D_0——猝熄直径,mm。

对于波纹阻火器,阻火层的波纹高度和金属网阻火器的网孔直径一般不应超过猝熄直径的 $\frac{1}{2}$。阻火器的阻火层厚度可参考式(5.13)计算:

$$\{\delta_r\} = \frac{u_{max}d^2}{0.38\alpha} \tag{5.13}$$

式中 δ_r——阻火层厚度,cm;

   u_{max}——阻火器能够阻止的最大火焰传播速度,m/s;

   α——阻火器的有效面积比(阻火层孔隙面积/阻火层的实际面积);

   d——孔眼直径,cm。

5.5 爆炸泄压技术

爆炸泄压技术是一种对于爆炸的防护技术,其目的是减轻爆炸事故所产生的影响。爆炸泄压对于爆轰是不起防护作用的。在许多工程领域,意外的爆炸有时不可避免,但可将爆炸产生的危害控制在最小范围。

在密闭或半敞开空间内发生的爆炸事故,包围体的破坏会引起更大的危害,所谓泄压防爆就是通过一定的泄压面积释放在爆炸空间内产生的爆炸升压,保证包围体不被破坏。例如,在燃气工程中,区域调压室和压缩机房等燃气设施都建设在建筑内,在发生爆炸的情况下,尽管室内设施的保全是难以完成的,但可以通过泄压防爆的方法保护建筑物本身的安全。

5.5.1 爆炸泄压面积的计算

1)影响泄压面积的因素

泄压面积的大小与可燃气体的性质有关,特别是与爆炸指数(用 K_G 或 K_{max} 表示)有关,K_G 值越大,最大爆炸上升速率越大,泄压面积要求也越大。

另一个影响因素是泄爆开启压力的大小。开启的静压越小,包围体的卸压就会越早。低开启压力比高开启压力的泄爆压力小,在同样泄爆压力的情况下,前者所需的泄压面积要小。泄爆装置的质量越大,开启时的惯性就会越大,打开的时间也越长,需要开启的静压也越大。包围体的强度也直接影响泄压面积的大小。包围体中最薄弱部分的安全要求同样决定泄压面积的大小。包围体的强度越大,可以承受的爆炸压力越大,泄压面积越小。

2)气体爆炸的泄爆诺谟图

用来计算相应的泄压面积,采用泄爆诺谟图。泄爆诺谟图的使用条件:

①点燃时容器中没有起始紊流;

②没有产生紊流的内部附属物;

③点火能小于 10 J;

④起始压力为大气压;

⑤包围体长径比 $L/D<5:1$;

⑥最大泄爆压力在 0.01~0.2 MPa;

⑦开启压力不大于 0.05 MPa;

⑧无泄压导管相连;

⑨包围体的容积不大于 1 000 m³。

图 5.34—图 5.37 是几种常用气体的泄爆诺谟图。

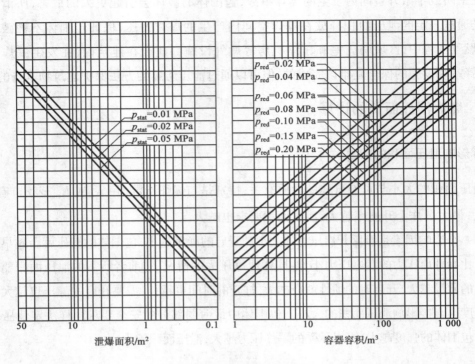

图 5.34　甲烷泄爆诺谟图

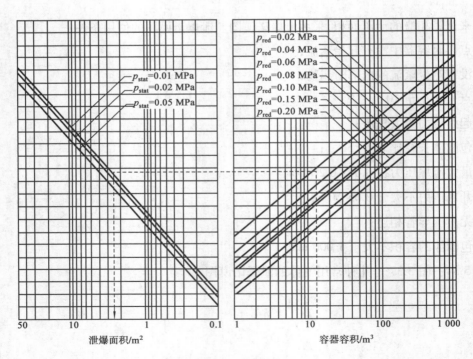

图 5.35　丙烷泄爆诺谟图

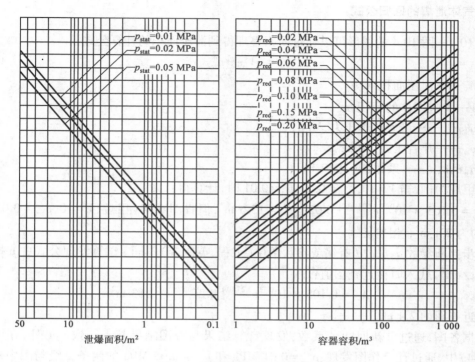

图 5.36 焦炉煤气泄爆诺谟图

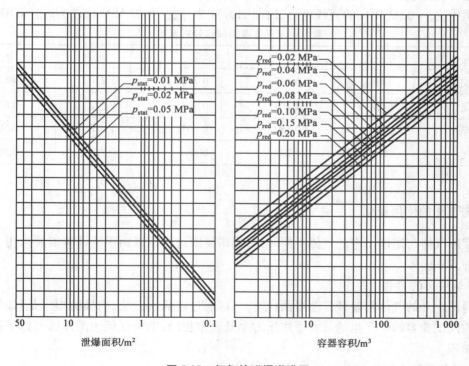

图 5.37 氢气的泄爆诺谟图

3) 气体泄爆的回归公式

图 10.1—图 10.4 的图形可以通过回归整理得到泄压面积的计算公式:

$$A_V = aV^b e^{cp_{st}} p_{red,max}^d \tag{5.14}$$

式中　A_V——泄压面积,m^2;

　　　V——包围体的容积,m^3;

　　　$p_{red,max}$——最大泄爆压力,MPa;

　　　p_{st}——开启压力,MPa;

　　　a,b,c,d——系数,见表 10.1。

以甲烷为例,当 $V=10,p_{red}=0.02,p_{st}=0.01$ 时,计算得:

$A_V = 0.105 \times 10^{0.77} e^{1.23 \times 0.01} 0.02^{-0.823} = 15.6 \ m^2$,但查图 5.34(甲烷,$V=10,p_{red}=0.02,p_{st}=0.01$)约为 2.4 m^2,相差甚远。

初步判断参数 a,b,c,d 有错或参数单位(工程、英制等)不同。试算发现公式中 p 按工程单位(kg/cm^2)代入时接近查图值:

$$A_V = 0.105 \times 10^{0.77} e^{1.23 \times 0.1} 0.2^{-0.823} = 2.63 \ m^2$$

接近查图的 2.4 m^2。

依据各图,通过重新回归各系数,发现计算结果与查图结果基本一致。另外,在甲烷图(图 5.34)中,通过计算作图发现:$p_{stat}=0.01$ MPa 和 $p_{stat}=0.05$ MPa 的两条直线与图中对应直线完全重合;但 $p_{st}=0.02$ MPa 的计算直线更靠近 $p_{stat}=0.01$ MPa 的直线,$p_{stat}=0.03$ 的计算直线才与图中 $p_{stat}=0.02$ MPa 的直线重合,因此图 5.34 中,$p_{stat}=0.02$ MPa 应改为 $p_{stat}=0.03$ MPa。

表 5.14　气体泄爆回归公式系数

可燃气体	分子式	a	b	c	d
甲烷	CH_4	0.105	0.770	1.230	−0.823
丙烷	C_3H_8	0.148	0.703	0.942	−0.671
焦炉煤气	—	0.150	0.695	1.380	−0.707
氢气	H_2	0.279	0.680	0.755	−0.393

4) 诺谟图的使用变化

当实际气体与诺谟图中的气体不同时,采用诺谟图进行泄爆面积的计算需要采用一些特殊的处理方法。

(1)诺谟图的内插

诺谟图以外的气体需要计算泄爆面积时,可以通过内插的方法,内插的根据是:如果两种气体在相同试验容器中产生的最大爆炸压力上升速率相同,则对任何包围体都可以采用同样的泄爆面积。

(2)以气体的正常火焰传播速度作为比较标准

如果气体的正常火焰传播速度小于 60 cm/s,则可用丙烷的诺谟图;若该火焰传播速度大于 60 cm/s,则用氢气的诺谟图。这种处理方法适合于计算泄爆面积要求不太精确的场合。

（3）粗略估算

在没法弄清气体的爆炸参数的情况下,可以采用氢气的泄爆诺谟图进行计算,这种情况通常是增加了泄爆面积,但增加的程度并不会很大,使得结果安全。

（4）诺谟图的外推

当开启压力或泄爆压力不在诺谟图的适用范围时,可以通过诺谟图进行一定程度的外推,但注意不要使这些参数偏离使用条件太多,如开启压力最好不低于 5 kPa,最大泄爆压力也不低于 10 kPa 或高于 200 kPa。

5.5.2　低强度包围体的爆炸泄压

耐压能力小于 0.01 MPa 的低强度包围体的泄爆,如房屋建筑、某些设备外壳的泄爆,这种情况下,可以最大限度地减少包围体内的爆炸给包围体结构造成的冲击,特别是包围体中结构薄弱的部分在爆炸发生时对环境和其他结构造成的损害。

泄爆的首要保护对象是包围体最弱结构单元,所以在泄爆设计之前,应确认包围体的最弱结构单元,这些结构单元可能是墙、地板和天花板等。

1) 扩展的诺谟图

扩展的诺谟图是在诺谟图基础上的外推,主要是扩展了诺谟图的使用范围。图 5.38 为扩展的诺谟图,其适用条件为:

①最大泄爆压力 0.005~0.02 MPa;

②开启压力小于最大泄爆压力的 $\dfrac{1}{2}$;

③包围体的容积小于 1 000 m³;

④泄爆装置的惯性尽可能小,最大为 10 kg/m²;

⑤不考虑泄爆导管的影响;

⑥包围体的长径比小于 5。

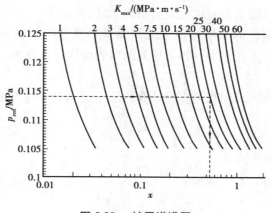

图 5.38　扩展诺谟图

泄爆导管是将爆炸产物导向指定地点的管道,通常的民用建筑设施和城市燃气设施中是不会设置的。

利用扩展诺谟图进行泄压面积的计算方法,可根据爆炸指数和最大泄爆压力从图5.38上查出与最大泄爆压力相应的 x,并由下式计算出泄爆面积。

$$A_V = x V^{\frac{2}{3}} \tag{5.15}$$

2)低强度泄爆推荐方程

可以采用泄爆推荐方程来计算泄爆面积。推荐方程为:

$$A_V = \frac{C A_S}{(p_{\text{red,max}} - p_0)^{\frac{1}{2}}} \tag{5.16}$$

式中 A_S——包围体的总表面积(包括地板和天花板,但不包括隔墙),m^2;

   p_0——初始环境压力,kPa;

   C——泄爆方程常数,见表5.15中参考值。

表 5.15 泄爆方程常数与爆炸指数的关系

$K_{\max}/$ (MPa $\cdot$ m $\cdot$ s^{-1})	1	2	3	4	5	7.5	10
$C/$ kPa$^{\frac{1}{2}}$	0.013	0.026	0.039	0.055	0.071	0.107	0.144
$K_{\max}/$ (MPa $\cdot$ m $\cdot$ s^{-1})	15	20	25	30	40	50	60
$C/$ kPa$^{\frac{1}{2}}$	0.22	0.333	0.275	0.427	0.55	0.65	0.786

如果初压为大气压,则式(5.17)为:

$$A_V = \frac{C A_S}{(p_{\text{red,max}})^{\frac{1}{2}}} \tag{5.17}$$

上式的适用条件为:最大泄爆压力在 0.01~0.02 MPa 的范围内;开启压力尽可能低;泄爆口应分布均匀地设在长方形包围体的一端。

包围体的内表面是指能承受发生超压的结构元件,包围体内任何设备的外表面不包括在其中。不能承受所发生超压的非结构部分的间隔壁如悬挂的天花板等也不能视为内表面。内表面指墙、地板、房顶或天花板等。相邻房间的内表面应计算在内,泄爆口也应均匀分布在这些房间的墙上。

对非圆形或方形截面可以用当量直径计算。采用泄爆方程的限制是:

$$L_3 \leqslant \frac{12S}{L} \tag{5.18}$$

式中 L_3——包围体的最大尺寸,m;

   S——包围体的横截面积,m^2;

   L——横截面的周长,m。

处理高紊流度混合物一端泄爆的长形包围体,L_3 的尺寸还应减小 $\frac{1}{4}$。

5.5.3 泄爆装置与设施

泄爆装置既用来封闭设备或包围体,又可以用来泄压。封闭设备或包围体不会使其因漏气而不能正常工作,泄压时又可以在爆炸产生时降低爆炸空间的压力,保证包围体的安全。泄爆装置与设施通常分为敞口式和密封式。敞口式包括全敞口式、百叶窗式和飞机库门式;密封式则有爆破门式和爆破膜式。

非设备的泄爆采用敞开式的结构较多。标准敞口泄爆孔是无阻碍、无关闭的孔口,通常是最有效的。许多危险建筑的泄爆设计都采用此方式,而采用百叶窗式的结构无疑会减少实际的泄压面积和增加泄压时的阻力。非敞开结构的泄爆装置在建筑上使用较多的是轻型爆破门,因为这种门的开启非常容易,而且可以重复使用,开启压力还可以调整。

特殊生产工艺中的设备泄爆,采用密封式的居多,其中主要有泄爆膜、爆破片和爆破门。

1) 泄爆膜

当生产在大气压或接近大气压下进行,而且操作不十分严格和复杂,采用泄爆膜系统比较经济易行。这类泄爆装置经常由 2 层泄爆膜和固定框组成。下面的一层膜片为密封膜片,通常用塑料膜或滤膜等材料,其上面的金属瓣固定在泄爆框的一边上,当密封的膜爆破后,此金属模打开而其一边被固定。泄爆膜定期要更换,否则会因污垢等原因影响其开启压力。

泄爆膜的口径不宜过大,以避免由于容器内压波动影响其强度而降低寿命。大多数材料的开启压力随泄爆面积的减少而升高,特别是直径小于 0.15 m 时。开启压力随膜的厚度、机械加工的缺陷、湿度、老化和温度有很大的变化。开启压力与膜厚成正比。在高温条件下,如需要泄爆口隔热可采用石棉泄爆片。一些可作为泄爆膜和爆破片的材料,见表 5.16。

表 5.16　常用泄爆膜的材料

序号	1	2	3	4	5	6	7	8	9	10	11
名称	牛皮纸	蜡纸	纸/铝片	塑料浸纸	塑料浸布	橡胶布	橡胶铝箔	塑料膜	聚苯泡沫硬板	橡胶压缩纤维轻质保温板	橡胶压缩纤维轻质石棉板

2) 爆破片

爆破片主要用于以下场合:存在异常反应或爆炸使压力瞬间急剧上升、突然超压或发生瞬时分解爆炸的设备;不允许介质有任何泄漏的设备;运行过程中产生大量沉淀或黏附物,妨碍安全阀正常工作的设备;气体排放口直径小于 12 mm 或大于 150 mm,而要求全量泄放时毫无阻碍的设备。

爆破片的正确设计是保证达到泄放效果的关键。计算时应充分考虑影响泄放效率的因素,主要包括泄放面积、材质、厚度。爆破片的泄放面积,一般按照 0.035 ~ 0.18 m^2/m^3 选取。爆破片的材质应根据设备的压力确定,参见表 5.17。

表 5.17　不同压力下爆破片所用的材质

设备内部压力	所用材质
常压、很低的正压	石棉板、塑料板、玻璃板、橡胶板
微负压	2~3 cm 的橡胶板
压力较高	铝板、铜板

爆破片的厚度计算参考下面的公式：

对于铜：

$$\delta = (0.12 \sim 0.15) \times 0.001pD \tag{5.19}$$

对于铝：

$$\delta = (0.316 \sim 0.407) \times 0.001pD \tag{5.20}$$

式中　δ——爆破片的厚度，cm；

p——爆破片爆破时的表压，MPa；

D——爆破孔的直径，cm。

一般爆破压力不超过工作压力的 1.25 倍。有时按爆破压力计算的爆破片太薄，不便于加工，可在片上刻 1~1.5 mm 深的十字槽。切槽后的爆破片强度会发生变化，此时爆破片的厚度可按下式计算：

对于铜：

$$\delta' = 0.79 \times 0.001pD \tag{5.21}$$

对于铝：

$$\delta' = 0.226 \times 0.001pD \tag{5.22}$$

式中　δ'——爆破片开槽后的剩余厚度。

值得注意的是爆破片的厚度计算值只是理论计算结果，实际结果要经过试验后才能精确确定。

爆破片在制造时应严格按要求进行。首先要对材料进行仔细检查，表面要求平整、光洁，无划痕、结疤、锈蚀、裂纹、凹坑、气孔等缺陷。厚度必须均匀，制成以后要逐个测量其厚度。同批爆破片的允许厚度偏差为：当膜片厚度 $\delta > 0.5$ mm 时为±3%，$\delta < 0.5$ mm 时为±4%。

由于爆破片计算厚度存在的误差，故制造后应通过试验验证。试验数量为同批量生产出的 5%，且不少于 3 个。实验温度应尽可能接近工作温度，试验结果应满足表 5.18。

表 5.18　爆破片爆破压力的允许偏差

爆破压力 p_b/MPa	$0.1 \leqslant p_b < 0.4$	$0.4 \leqslant p_b < 1.0$	$1.0 \leqslant p_b < 32.0$
允许偏差/%	±8	±6	±4

爆破片的安装要可靠，夹持器和垫片表面不得有油污，夹紧螺栓应拧紧，防止螺栓受压后滑脱。运行中应经常检查连接处有无泄漏，由于特殊要求在爆破片和容器之间安装了切断阀

的,要检查阀门的开闭状态,并应采取措施保证此阀门在运行过程中处于常开位置。爆破片排放管的要求与安全阀相同。爆破片一般每 6~12 月应更换 1 次。

爆破片在使用时还可以与安全阀组合使用。安全阀具有开启压力能调节并在动作后能自动回座的特点,但容易泄漏,且不适用于黏性介质。爆破片不会泄漏,对于黏性大的介质适用,但动作后不能自动复位。因此在防止超压的场合特别是黏性介质的场合,安全阀与爆破片联合使用将会更加有效。一种形式是在弹簧式安全阀的入口安装爆破片,主要目的是防止容器内的介质因黏性过大或聚合堵塞安全阀;另一种形式是安装爆破片于安全阀的出口,主要是防止容器内的介质在正常运行情况下泄漏。图 5.39 是复叠式安全泄放装置示意图。

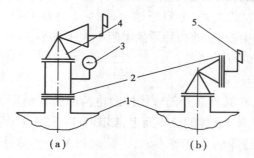

图 5.39　复叠式安全泄放装置结构示意图
1—容器;2—爆破片;3—压力表;4—安全阀;5—排空或接至系统

3)防爆门和防爆球阀

防爆门和防爆球阀是一种用于加热炉上的安全装置,防止燃烧室在发生爆炸时破坏设备,保障周围的设施和人员安全。防爆门一般安装在加热炉燃烧室的炉壁四周,泄压面积按照燃烧室净容积比例设计,通常为 250 cm²/m³。布置时应尽量避开人员经常出没的地方。防爆门的构造形式,如图 5.40 所示。

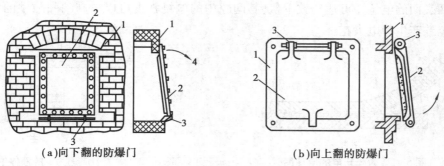

(a)向下翻的防爆门　　　　　　(b)向上翻的防爆门

图 5.40　防爆门的构造形式
1—爆烧室外壁;2—防爆门;3—转轴;4—防爆门动作方向

5.6 静电消除技术

5.6.1 静电的产生

静电的产生是由于不同物质的接触和分离或相互摩擦而引起的。如生产工艺中的挤压、切割、搅拌、喷溅、流动和过滤，以及生活中的行走、站立、穿脱衣服等都会产生静电。静电的产生与物质的导电性有很大的关系，电阻率越小，则导电性能越好。实验证明，当电阻率为 $10^{12}\Omega\cdot cm$ 时，物质最易产生静电，而当物质的电阻率大于或小于该值都不易产生静电。

1)接触起电

两物体相接触的同时，在其界面处随着物体间电荷的转移而形成偶电层，它可以发生在固体-固体、液体-液体或固体-液体的分界面上，如图 5.41、图 5.42 所示。由于 2 个作用面能量状态的差异，温度、电荷载体的浓度等不同，电荷可以从一物体迁移到另一物体。一般来说，不同的材料相互作用才能引起静电。但同种的介质由于其表面的状态不同，相接触时也会起电。两种不同的固体紧密接触其间距小于 $25\times10^{-8}cm$ 时，少量的电荷从一种材料迁移到另一种材料上，于是两种材料带异性电荷，材料之间出现 Ⅳ 量级的接触电位差。将两种材料分离时，必须做功以克服异性电荷之间的吸引力，同时两种材料之间的电位差也将增大。在分离过程中，若还有一些接触，这个增大的电位差有将电荷跨过分界面拉回的趋势。导体材料的电荷，在电场的作用下，能自由地流动，当两接触面分离时，电荷实际上完全中和，这是导体很难产生静电的原因。但如果一种材料或两种材料都是非导体，低电导率的电介质的电流 I 很小，偶电层上大部分的电荷都存积在分离开的表面上。如果这种电荷量很大，那么在物体分离后，两表面的电位差可达到数千伏，其间隙中的电场强度可以增高到间隙中的气体放电的量值，以致产生静电火花。

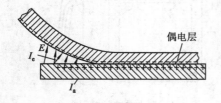

图 5.41 薄膜起电的原理图

I_e—气体放电电流；I_a—传导电流；E—电位差

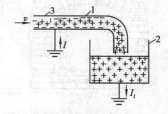

图 5.42 管道内流速为 v 的液体的起电图

1—管道；2—容器；3—液体

液体电介质沿固体表面的流动，如沿管道的流动，在一定的条件下，亦能引起强烈的起电现象。如果液体的电阻率高于 $10^{12}\Omega\cdot cm$，那么易燃液体的起电会产生静电放电并引燃其蒸气。沿管道流动液体的起电机理，可用液相与固相界面形成的偶电层机械破坏来解释。任何一种电介质液体，不管它具有多高的电阻率，不管它有多高的纯度，其内部总有一定数量的离子电荷载体或夹杂物的分子离子电荷载体。在固相、液相的界面处，由于电动现象而出现偶电层。图 8.2 是界面区电荷分布的简图。这时,固体壁面上的某一符号的电荷被中和,液体内的易体电荷会被液流带走。因此,液体沿管道输送到容器槽时,体内的电荷也随之进入槽内。液体的电导率越小,沿管道输送的速度越快,与固相的接触面越大,则用管道输送的液体的静电荷密度越大,使液体在过滤时,起电现象特别强烈。图 5.43、图 5.44 分别是泵式、自流式装油系统电荷分布状况。

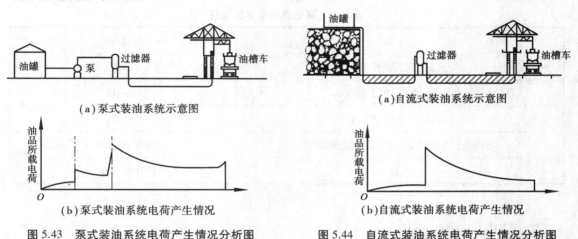

图 5.43　泵式装油系统电荷产生情况分析图　　图 5.44　自流式装油系统电荷产生情况分析图

人体及衣服在一定的条件下会产生静电,而且在特殊的场合非常危险,表 5.19 是人体带电的实测结果。

表 5.19　人体带电的实测结果

摩擦方式		人体电位/V
在尼龙地毯上	穿新皮鞋快步行走	2 700
	穿新皮鞋慢步行走	2 400
	穿新合成革鞋慢步行走	2 900
在油地板、合成树脂、花砖或大理石上行走		1 000~1 500
穿化纤衣坐在人造革沙发上	坐着微微颤动时	10 000
	从沙发上站起来时	10 000
与喷出的带电气体接触时		5 000
脱去化纤上衣时		5 000

2)静电放电

静电放电往往会成为引起爆炸灾害的一个重要原因。放电能量的大小直接反映出其是否能成为点火源。静电火花的放电能量可由下式计算:

$$W = \frac{1}{2}CU^2 \tag{5.23}$$

式中　W——放电能量,J;

　　　C——带电体的电容,F;

　　　U——静电电位,V。

由此计算出的放电能量可以和有关气体的最小点燃能量相比较,其结果足以点燃许多种可燃混合气体。表5.20是一些典型物体的电容。

表 5.20　某些典型物体的电容

物　体	电容/pF
小金属器具(勺子、喷嘴)	10~20
小容器(水桶、50 L 圆筒)	10~100
中性容器(250~500 L)	50~300
大型工厂器材(反应室)直接接地围绕	100~1 000
人体	100~300

5.6.2　静电的防护方法

静电的防护方法可以分为两类:

第一类是防止相互作用的物体的静电积累,如将设备的金属件和导电的非金属件接地,或者增加电介质表面的电导率和体积电导率。

第二类方法不能消除静电荷的积累,而是事先预防不希望发生的情况和危险出现。如在工艺设备上安装静电中和器,或者使工艺过程中的静电放电发生在非爆炸性介质中。

1)静电接地

静电接地是用接地的方法提供一条静电荷泄漏的通道。实际上静电的产生和泄漏是同时进行的,是给带电体输出和输入电荷的过程。物体上所积累的静电电位,在对地的电容一定时,取决于物体的起电量和泄漏量之差,显然,接地加速了静电泄漏,从而可以确保物体静电的安全。

可以引起火灾、爆炸和危及安全场所的全部导电设备和导电的非金属器件,不管是否采用了其他的防止静电措施,都必须接地。静电接地的电阻大小取决于收集电荷的速率和安全要求,该电阻制约着导体上的电位和储存能量的大小。实验证明,生产中可能达到的最大起电速率为 10^{-4} A,一般为 10^{-6} A,根据加工介质的最小点燃能量,可以确定生产工艺中的最大安全电位,于是满足上述条件的接地电阻便可以计算出来。

$$R < \frac{V_{max}}{Q_f} \qquad (5.24)$$

式中　R——静电接地的电阻,Ω;

　　　V_{max}——最大安全电位,V,见表 5.21 中的混合物的点燃界限值;

　　　Q_f——最大起电速率,A。

表 5.21　可燃混合物的点燃界限

可燃混合物	最小点燃能量/MJ	点燃界限/kV
氢气和氧气	<0.01	1
氢气、乙炔和空气	0.01~0.10	8~10
大部分可燃气体或蒸气与空气	0.1~1	20~30

在空气湿度不超过 60% 的情况下,非金属设备内部或表面的任意一点对大地的流散电阻不超过 10^7 Ω 者,均认为是接地的。这一电阻值能保证静电弛豫时间常数的必要值,即在非爆炸介质中为十分之几秒,在爆炸介质中为千分之几秒。弛豫时间常数 τ 与器件或设备的接地电阻 R 和电容 C 的关系为 $\tau = RC$。

电容 C 如果很小,则电流流散电阻可能高于 10^7 Ω。依据这一观点计算出的最大允许接地电阻值,见表 5.22。

表 5.22　器件电容与允许接地电阻

周围介质	器件电容为 C 时的允许接地电阻 $R/Ω$	
	$10^{-11}/F$	$10^{-10}/F$
爆炸危险（$\tau = 10^{-3}$ s）	10^8	10^7
非爆炸危险（$\tau = 10^{-1}$ s）	10^{10}	10^9

防止静电接地装置通常与保护接地装置接在一起。尽管 10^7 Ω 完全可以保证导出少量的静电荷,但是专门用来防静电的接地装置的电阻仍然规定不大于 100 Ω。

在实际生产工艺中,包括有管路、装置、设备的工艺流程应形成一条完整的接地线。在一个车间的范围内与接地的母线相接不少于 2 处。

液化石油气储配站工艺中有许多需要防止静电的地方。图 5.45 是管道法兰连接处的消除静电方法,法兰之间采用电阻率低的材料进行跨接。固定设备与移动设备接地的通常方法,如图 5.46 所示。图 5.47 和图 5.48 是管路的静电接地方法。图 5.49 则是在一些设备的软管上采用的防静电接地方法。

2)静电中和

有一种结构简单的防静电装置,由金属、木质或电介质制成支承体,其上装有接地针和细导线等,如图 5.50 所示。

带电材料的静电荷在静电感应器的电极附近建立电场,在放电电极附近强电场的作用下产生碰撞电离,结果形成两种符号的离子,如图 5.51 所示。

碰撞电离的强度取决于电场强度,而电场强度的提高,在其他条件相同的情况下,首先是依靠放电电极的曲率半径的减少和电极最佳间距的选择。

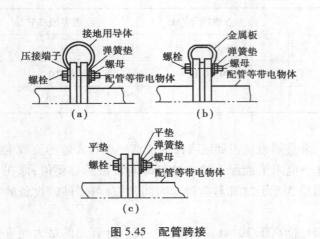

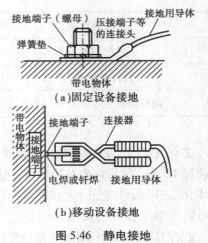

图 5.45　配管跨接

图 5.46　静电接地

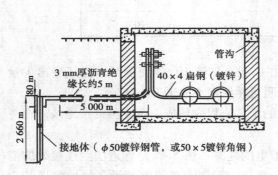

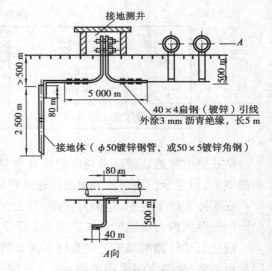

图 5.47　管沟管路静电接地图

图 5.48　地上管路静电接地图

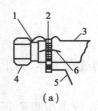

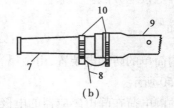

图 5.49　软管跨接和接地

1—锡焊或铅焊的金属线;2,10—金属制软管卡子;3—内有金属线或金属网的软管;

4—连接金具;5—接地用导体;6—金属线或金属网;7—金属制喷嘴;8—接地用导体;9—软管

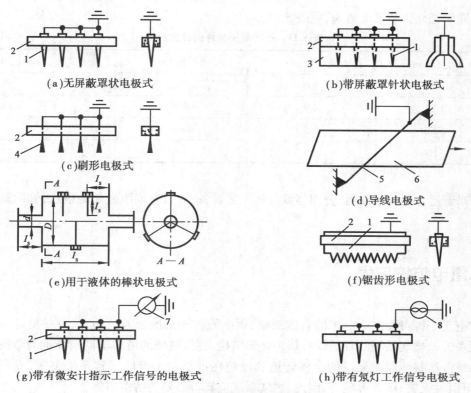

（a）无屏蔽罩状电极式　　　　　（b）带屏蔽罩针状电极式

（c）刷形电极式

（d）导线电极式

（e）用于液体的棒状电极式　　　　（f）锯齿形电极式

（g）带有微安计指示工作信号的电极式　　（h）带有氖灯工作信号电极式

图 5.50　静电感应式中和器图

1—针状电极；2—支承体；3—屏蔽罩；4—刷形电极；

5—导线电极；6—移动的带电带料；7—微安计；8—氖灯

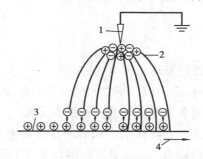

图 5.51　静电感应中和电荷的原理

1—放电电极；2—碰撞电离区；3—带电电介质；4—电介质运动方向

3）降低工艺过程的速度

通过管道输送液态液化石油气，为保证其输送至储罐中是安全的，应控制液体在管道中的流速，最大允许的安全流速由下式计算：

$$v^2 d \leq 0.64 \tag{5.25}$$

式中　v——液体在管道中的线速度，m/s；

d——管道的直径，m。

不同管径允许的最大流速,见表5.23。

表5.23　不同管径允许的最大流速

管径/mm	最大流速/$(m \cdot s^{-1})$	管径/mm	最大流速/$(m \cdot s^{-1})$
10	8.0	200	1.8
25	4.9	400	1.3
50	3.5	600	1.0
100	2.5	—	—

如果管道上装有过滤器、分离器或其他工艺设备,而且它们距离储罐很近,管内流速还应降低。

5.7　雷电防护技术

雷电是一种可能产生危害的自然现象,雷电能够导致地面人员伤亡、设备损坏。建筑燃气供应系统及燃气站场的管道设备都为金属结构,燃气站场的诸多辅助系统也为金属结构或带电系统。这些地面或架设的金属管道和设施在遭受雷击可能导致系统失效,或产生电火花,甚至引发火灾、爆炸等危害,因此,燃气系统应具备必要的防雷措施。

5.7.1　雷电

1)雷电种类

(1)雷电按形状分类

雷电按形状可分为片状、线状及球状雷电3种。

①片状雷电:常发生在云内、云间或云空之间的一种放电现象。

②线状雷电:常发生在雷云与大地之间的一种放电现象。

③球状雷电:出现概率不大。它能在空中长时间自由漂游,甚至能漂游入室或直接从空中向下降落。有些雷球在接近地面时会改变方向继续水平移动,多数球雷消失时会发出爆炸声。

(2)雷电按危害方式分类

雷电按危害方式可分为直击雷、雷电感应、雷电侵入波、雷电电磁脉冲4种。

①直击雷:雷云与地面凸出物之间的电场达到空气击穿强度时产生的一种放电现象。放电过程分先导放电、主放电和余光等。先导放电是从雷云向大地发展不太明亮的放电,先导放电接近地面时立即发生从大地向雷云发展的极明亮主放电,主放电后有微弱的余光。

②雷电感应:雷电感应分静电感应和电磁感应两种类型。雷电静电感应是指雷云接近地面时在地面凸出物上感应出大量异性电荷,雷云与其他部位或雷云放电后,当凸出物顶部电荷失去束缚后沿凸出物进行极快传播的一种现象。电磁感应雷则是由电击产生的巨大雷电

流在周围空间产生迅速变化的强磁场所引起,磁场可在附近金属导体上感应出很高的电压。

③雷电侵入波:雷击作用是在架空线路或空中金属管道上所产生的冲击电压沿线路及管道两个方向迅速传播的一种雷电波现象。

④雷电电磁脉冲:雷电流经电阻、电感、电容耦合产生的电磁效应,包含闪电电涌和辐射电磁场。

2)雷电危害

雷电危害及破坏力主要体现在以下3个方面:

①电性质破坏作用:数十至数百万伏的雷电冲击电压会使发电机、变压器、断路器及绝缘子发生绝缘破坏,烧断电线,引起短路和大规模停电,造成人触电伤亡及引发邻近易燃易爆危险物品发生燃烧、爆炸等。

②热性质破坏作用:巨大的雷电流在极短时间内转化为大量热能,会引起易燃易爆物燃烧或金属熔化等,并引发火灾、爆炸事故。

③机械性质破坏作用:巨大的雷电流通过被击物时,使被击物缝隙中的气体及水分发生剧烈膨胀和蒸发产生大量气体,使被击物遭到破坏或发生爆炸。

3)雷电活动规律

雷电活动规律主要与气候、地势、时间、纬度、雷暴日等几个方面有关。

①气候条件:湿热地区雷电多于干冷燥地区。

②地势条件:山区落雷密度大于平原地区,陆地落雷密度大于大面积水域。

③发生时间:我国雷电多发生在7~9月。

④纬度条件:低纬度地区雷电活动一般多于高纬度地区。雷电密度在我国基本上按华南、西南、华北及东北、西北顺序减少。

4)雷暴日分布区域

我国西北地区平均雷暴日一般在15天以下,长江以北大部分地区包括东北地区年平均雷暴日在15~40天;长江以南地区年平均雷暴日均在40天以上;北纬23°以南地区平均雷暴日达120~130天。

5.7.2 雷电防护的技术措施

雷电保护技术措施选用应根据被保护对象的防雷要求,在详细分析地理、地质、气象,环境条件和被保护对象特点,以及雷电活动规律基础上,选用安全可靠、技术先进、经济合理的防直击雷、雷电感应、雷电侵入波等技术措施。

1)防直击雷

(1)第1类工业防雷建(构)筑物防雷技术要求

①装设独立避雷针或架空避雷线,使被保护建筑物及突出屋面的物体(如风帽、放散管等)均处于保护范围之内。对排放有爆炸危险气体或粉尘的管道,保护范围应高出管径2 m

以上;对于使用独立避雷针或架空避雷线时应有独立接地装置,冲击接地电阻应不大于 10 Ω。

②对于难以装设独立避雷针或架空避雷线的场所,可在建筑物上装设避雷针或沿整个屋面装设网格不大于 6 m×6 m 的避雷网。装设均压环时环间距离不大于 12 m,并与建筑物内金属结构及设备相连,可利用电力设备接零干线或接地干线作均压环。对排放爆炸危险气体、蒸气或粉尘的放散管、呼吸阀及排风管等,管顶及附近避雷针针尖应高出管顶 3 m 以上,保护范围应高出管顶 2 m 以上。

(2)第 2 类工业防雷建(构)筑物防雷技术要求

①在建筑物上装设避雷网或避雷针,避雷网应沿屋角、屋脊、无屋檐和屋角等易受雷击部位沿整个屋面敷设,网格不应大于 10 m。

②对排放有爆炸危险气体、蒸气或粉尘的放散管、呼吸阀及排风管等,管顶及附近避雷针针尖应高出管顶 3 m 以上,保护范围应高出管顶 1 m 以上。

③对于其他屋面上处于保护范围之外的金属物体可不装设接闪器,而是直接同屋面防雷装置连接;但处于保护范围之外的非金属物体则应装设接闪器,并与屋面防雷装置相连。

(3)第 3 类工业防雷建(构)筑物防雷技术要求

①在易受雷击部位应装设避雷带或避雷针,避雷带与屋面任一点距离小于 10 m。

②采用避雷针时,单支避雷针保护范围可按 60°保护角来确定,两支避雷针之间的距离不宜大于 30 m,且不应超过避雷针有效高度的 15 倍。

③对于其他屋面上处于保护范围之外的物体保护与第 2 类建筑物相同;对于砖砌烟囱、钢筋混凝土烟囱,则宜在烟囱上装设避雷针或避雷环。另外,独立避雷针或架空避雷线应设有独立接地装置,而且冲击接地电阻不应大于 10 Ω。

(4)防雷电反击技术要求

避雷装置在遭到雷击后时,接闪器、引下线和接地装置会呈现出很高的冲击波电压,甚至会导致邻近导体绝缘被击穿,造成雷电反击而引发爆炸事故。为防止产生雷电反击,必须保证接闪器、引下线、接地装置与邻近导体之间具有足够的安全距离。

①独立避雷针及其引下线与其他金属物体在空气中的最小距离应满足:

$$s_{k_1} \geq 0.3R_0 + 0.1h_x \tag{5.26}$$

式中　s_{k_1}——空气中距离(一般不小于 5 m),m;

　　　R_0——避雷针接地装置冲击接地电阻;

　　　h_x——避雷线上校验点距离地面高度,m。

②一端接地架空避雷线与其他金属物体在空气中的最小距离应满足:

$$s_{k_2} \geq 0.3R_0 + 0.1(h + \Delta L) \tag{5.27}$$

式中　s_{k_2}——空气中距离,m;

　　　h——避雷线支柱高度,m;

　　　ΔL——避雷线上校验点与接地支柱间距,m。

③两端接地架空避雷线与其他金属物体在空气中的最小距离应满足:

$$s'_{k_2} \geq \beta[0.3R_0 + 0.16(h + \Delta L')] \tag{5.28}$$

$$\beta = \frac{h + L_2}{2h + L_2 + \Delta L} \tag{5.29}$$

式中　s'_{k_2}——空气中距离，m；

　　　L_2——校验点与较远支柱之间的距离，m；

　　　$\Delta L'$——校验点与较近支柱之间的距离，m；

　　　β——分流系数，在避雷线中点处，可取 $\beta=0.5$。

因此，两端接地架空避雷线与其他金属物体在空气中的最小距离可简化为：

$$s'_{k_2} \geqslant 0.15R_0 + 0.08(h + 0.5L) \tag{5.30}$$

式中　L——避雷线两支柱引下线与其他金属物体在空气中的最小距离，与避雷针引下线设计要求相同。如果避雷线两端接地，则应考虑分流系数，且 s_{k_2} 和 s'_{k_2} 一般不应小于 5 m。

④独立避雷针或架空避雷线接地装置与地下其他金属物体之间的最小距离应满足：

$$s_{d_1} \geqslant 0.3R_0 \tag{5.31}$$

式中　s_{d_1}——地下距离，m；

　　　R_0——接地电阻，一般可取 10 Ω。

如果避雷线两端接地，则还应考虑分流系数，即：

$$s'_{d_1} \geqslant 0.3\beta R_0 \tag{5.32}$$

式中　s'_{d_1}——两端接地情况下地下间距，m；且 s_{d_1}，s'_{d_1} 一般不应小于 3 m。

⑤第 2 类防雷建筑物上的防雷装置引下线与不相连金属物体之间的最小距离应满足：

$$s_{k_3} \geqslant 0.05L_x \tag{5.33}$$

式中　s_{k_3}——空气中距离，m；

　　　L_x——引下线校验点与地面之间的距离，m。

⑥如果树木高于建筑物且不在防雷装置保护范围之内，则树木与建筑物之间的最小距离不应小于 5 m。另外，为防止防雷装置对带电体产生反击事故，可在有可能发生反击的地方加装避雷器或保护间隙，以限制带电体上可能产生的冲击电压。

2) 防雷电感应

雷电感应尤其是静电感应也会产生很高的冲击波压力，因此，除电力系统外，第 1、2 类防雷建筑物上也都应采取相应的防雷电感应技术措施。

①建筑物内金属设备、管道、构架、电缆外皮、钢屋架、钢窗等较大金属构件和突出屋面的金属物（如放散管、风管等），都应与防雷电感应接地装置相连接。

②在金属屋面周边每隔 18～24 m 处采用引下线接地 1 次。对于现场浇制或预制钢筋混凝土屋面，钢筋应绑扎或焊接成电气闭合回路，并要求引下线每隔 18～24 m 接地 1 次。

③防雷电感应接地装置应与电气设备接地装置共用，对于有特殊要求的电力、电子设备接地装置，在不能共用时也可分开设置。

④对于平行敷设的长金属物体，如管道、构架、电缆金属外皮等，当净距离小于 100 mm 时应每隔 20～30 m 用金属线进行跨接，交叉净距离小于 100 mm 时也应用金属线跨接，当管道连接处（如弯头、阀门、法兰盘等）不能做到保持良好金属连接时，也应用金属线跨接。

3)防雷电侵入波

雷电在架空输电线路或金属管道上会产生冲击波压力,使雷电侵入波分别沿输电线路(或金属管道)的两个方向迅速传播。因此,为防止雷电侵入波进入建(构)筑物或沿输电线路(或金属管道)侵入,必须采取相应的防雷电侵入波措施。

(1)架空输电线路及进户处防雷电侵入波

架空输电线路不仅分布范围广,而且使用量大,绝大多雷电侵入波事故都是由架空输电线路引入的,只有少数是经由接地不良的架空金属管道所引入。对这些场所的雷电侵入波防护措施是:在架空输电线路上主要采用管型避雷器防护,在变电所和非爆炸危险区域进户处则多采用阀型避雷器进行防护。

(2)第1类防电建筑物供电线路及金属管道防雷电侵入波的主要技术措施

①全长采用直接埋地电缆,入户处电缆金属外皮与防雷电感应接地装置相连。

②采用长度不小于50 m的金属铠装电缆直接埋地引入,入户处电缆金属外皮与防雷电感应接地装置相连,电缆与架空线路连接处装设阀形避雷针,并与电缆金属外皮和绝缘子铁脚一起接地,且冲击接地电阻不应大于10 Ω。

③金属管道入户处应与防雷电感应接地装置相连,管道入户处及邻近100 m内要求每隔25 m左右接地1次,且要求各冲击接地电阻不大于20 Ω。

(3)第2类防电建筑物供电线路及金属管道防雷电侵入波的主要技术措施

①采用长度不小于50 m的金属铠装电缆直接埋地引入,入户处电缆金属外皮与防雷电感应接地装置相连,电缆与架空线路连接处装设阀形避雷针,并与电缆金属外皮和绝缘子铁脚一起接地,且冲击接地电阻不应大于20 Ω。

②架空线路入户处应装设阀型避雷器,并与绝缘子铁脚一起接地,与防雷装置相连。

③邻近三基电杆绝缘子铁脚应接地,并由远及近要求第一处冲击接地电阻不应大于10 Ω,其他两处不应大于20 Ω。

④金属管道入户处与防雷电感应接地装置相连,入户处及邻近25 m左右接地1次,冲击接地电阻不应大于10 Ω。

(4)第3类防电建筑物供电线路及金属管道防雷电侵入波

主要技术措施包括供电线路入户处绝缘子铁脚应与防雷电感应接地装置相连,金属管道入户处应与防雷电气设备接地装置相连等。

5.7.3 燃气设施防雷措施

1)燃气站场设施的防雷措施

储气罐和压缩机室、调压计量室等处于燃烧爆炸危险环境的生产用房,其防雷设计应符合现行的国家标准《建筑物防雷设计规范》(GB 50057—2010)的"第二类防雷建筑物"的规定,生产管理、后勤服务及生活用建筑物,其防雷设计应符合现行的国家标准《建筑物防雷设计规范》(GB 50057—2010)的"第三类防雷建筑物"的规定。

门站和储配站室内电气防爆等级应符合现行的国家标准《爆炸和火灾危险环境电力装置

设计规范》GB 50058-92 的"1 区"设计的规定;站区内可能产生静电危害的设备、管道以及管道分支处均应采取防静电接地措施,应符合现行的化工标准《石油化工静电接地装置设计规范》SH 3097—2017 的规定。

(1)储罐区的防雷措施

储罐区应设立独立避雷针或架空避雷线(网),其保护范围应包括整个储罐区。当储罐顶板厚度≥4 mm,可以用顶板作为接闪器;若储罐顶板厚度<4 mm 时,则须装设防直击雷装置。但在雷击区,即使储罐顶板厚度>4 mm 时,仍需装设防直击雷装置。浮顶罐、内浮顶罐不应直接在罐体上安装避雷针(线),但应将浮顶与罐体用两根导线作电气连接。浮顶罐连接导线应选用截面积≥25 mm² 的软铜复绞线。对于内浮顶罐,钢质浮盘的连接导线应选用截面积≥16 mm² 的软铜复绞线;铝质浮盘的连接导线应选用直径≥1.8 mm 的不锈钢钢丝绳。钢储罐防雷接地引下线不应少于 2 根,并应沿罐周均匀或对称布置,其间距不宜>30 m。防雷接地装置冲击接地电阻不应>10 Ω,当钢储罐仅做防感应雷接地时,冲击接地电阻不应>30 Ω。罐区内储罐顶法兰盘等金属构件应与罐体可靠电气连接,放散塔顶的金属构件亦应与放散塔可靠电气连接。

若液化石油气罐采用牺牲阳极法进行阴极防腐且牺牲阳极的接地电阻≤0 Ω,阳极与储罐的铜芯连线截面积≥16 mm²,或液化石油气罐采用强制电流法进行阴极防腐接地电极采用锌棒或镁锌复合棒且接地电阻≤10 Ω,接地电极与储罐的铜芯连线截面积≥16 mm² 时,可不再单独设置防雷和防静电接地装置。

(2)燃气站场其他区域的防雷措施

设于空旷地带的调压站及采用高架遥测天线的调压站应单独设置避雷装置,其接地电阻值应<10 Ω。当调压站内、外燃气金属管道为绝缘连接时,调压器及其附属设备必须接地,接地电阻应<10 Ω。

站区内所有正常不带电的金属物体,均应就近接地,且接地的设备、管道等均应设接地端头,接地端头与接地线之间可采用螺栓紧固连接。对有振动、位移的设备和管道,其连接处应加挠性连接线过渡。

进出站区的金属管道、电缆的金属外皮、所穿钢管或架空电缆金属槽,在站区外侧应做一处接地,接地装置应与保护接地装置及避雷带(网)接地装置合用。如存在远端至站区的金属管道、轨道等长金属物,则应在进入站区前端每隔 25 m 接地一次,以防止雷电感应电流沿输气管道进入配气站。管道的电绝缘装置应埋地设置于站场防雷防静电接地区域外,使配管区(设备撬)及进出站管道能够置于同一防雷防静电接地网中。

站区内处于燃烧爆炸危险环境的生产用房应采用或同等规格的其他金属材料构成避雷网格,并敷设明式避雷带。其引下线不应少于 2 根,并应沿建筑物四周均匀对称布置,间距≤18 m,网格≤10 m×10 m 或 12 m×8 m。

除独立防直击雷装置外,站场的防雷接地、防静电接地、电气设备的工作接地、保护接地等可共用同一接地系统,其接地电阻≤4 Ω,宜<1 Ω。如各类接地不共用,则各类接地之间的距离应符合规范要求。

(3)进出站场燃气管道的防雷措施

进出站区的管线应设置切断阀门和绝缘法兰。站区内接地干线应在不同方向上与接地装置相连接,且不应少于两处。

进出场站的燃气金属管道,应在场站外侧接地,并与保护接地装置及避雷带(网)接地装置合并。当燃气金属管道采用地上引入方式进入场站时,电绝缘装置宜设置在引入管出室外地面后穿墙入户之前的位置,将抱箍设于室内燃气金属管道上,再通过等电位连接线接至总等电位联结箱。如采用绝缘法兰与外置放电间隙的组合形式,则应安装在室内燃气总阀门之后,以便检修,绝缘法兰两端的燃气金属管道用放电间隙进行连接后,通过等电位连接线接至总等电位联结箱。当燃气金属管道采用地下引入方式进入场站时,绝缘接头宜在引入管出室内地面或进入地下室后就近安装,将抱箍设于绝缘接头通向室内燃气金属管道的一侧,然后再通过等电位连接线接至总等电位联结箱。如采用绝缘法兰与外置放电间隙的组合形式,则与地上引入方式的做法相同。

(4)站区电气设备的防雷措施

站区内电气设备的接地装置与防止直接雷击的独立避雷针的接地装置应分开设置,与装设在建筑物上防止直接雷击的避雷针的接地装置可合并设置,与防雷电感应的接地装置亦可合并设置。接地电阻值应取其中最低值。站区内供电系统的电缆金属外皮或电缆金属保护管两端均应接地,在供配电系统的电源端应安装与设备耐压水平相适应的过电压(电涌)保护器。站区内所有电气设备金属外壳应接地,除照明灯具以外的电气设备,应采用专门的接地线,该接地线如与相线敷设在同一保护管内时,应具有与相线相等的绝缘,即三相五线制、单相三线制等,其他金属管线、电缆的金属外皮等只能作为辅助接地线,且接地电阻值应<4 Ω。站区内的照明灯具可利用可靠电气连接的金属管线系统作为接地线,但不能利用输送易燃物质的金属管道。

2)燃气金属管道及附件的防雷措施

金属燃气管道无论安装在建筑物内还是建筑物外,都要保证与相邻管线和设备有一定的安全距离,因为雷电感应会影响相邻管线的安全;架空的管道与其他管线交叉时,也应保证一定的垂直净距。管道与其他管线同沟敷设时,必须保持安全距离。沿建筑物外墙敷设的管道距门窗的净距为:中压管道≥0.5 m,低压管道≥0.3 m。考虑到管道在环境温度下的极限变形和静电防护,当管道与其他管线一起敷设时,应敷设在其他管线的外侧。当管道绝缘连接时,由于室内管道的静电无法消除,极易产生火花引起事故,因此必须接地。在管道的绝缘处理中,绝缘段前端的管道应与建筑物外部的防雷结构钢筋做等电位技术处理,绝缘段后端进入室内的管道应与建筑物内部的防雷结构钢筋做等电位技术处理,确保管道上可能感应的雷电流经内部结构钢筋散流。如果管道的法兰盘、阀门接头之间生锈腐蚀或接触不良,即使在电流幅值相当低(10.7 kA)的情况下,法兰盘间也能产生火花。因此,对室内燃气设备及燃具应做防雷电感应接地,对燃气仪表应跨接,做好等电位技术处理。对于可能遭受雷电静电感应的管道,每隔20~25 m应设防雷电感应接地,接地电阻≤10 Ω;在管道的分支处,应设防静电接地,接地电阻≤30 Ω。

平行敷设于地上或管沟的燃气金属管道,其净距<100 mm时,应用金属线跨接,跨接点的间距≤30 m。管道交叉点净距<100 mm时,其交叉点应用金属线跨接。架空或埋地敷设的燃气金属管道的始端、末端、分支处以及直线段每隔200~300 m处,应设置接地装置,其接地电

阻≤30 Ω,接地点应设置在固定管墩(架)处。距离建筑物100 m内的管道,应每隔25 m左右接地一次,其冲击接地电阻≤10 Ω。燃气金属管道在进出建筑物处,应与防雷电感应的接地装置相连,并宜利用金属支架或钢筋混凝土支架焊接、绑扎钢筋网作为引下线,其钢筋混凝土基础宜作为接地装置。

埋于地下的金属跨接线,由于易受腐蚀,应采取热镀锌圆钢、加大圆钢直径达10 mm以上。当燃气金属管道螺纹连接的弯头、阀门、法兰盘等连接处的过渡电阻>0.03 Ω时,连接处应用金属线跨接,对有不少于5根螺栓连接的法兰盘,在非腐蚀环境下可不跨接。

屋顶的燃气管道应采用金属网格屏蔽,尽可能减少直击雷和感应雷的危害。如果有条件可安装主动式防雷装置,最大限度地减少雷电直击管道。屋面燃气金属管道、放散管、排烟管、锅炉等燃气设施宜设置在建筑物防雷保护范围之内,应尽量远离建筑物的屋角、檐角、女儿墙的上方、屋脊等雷击率较高的部位。屋面工业燃气金属管道在最高处应设放散管和放散阀。屋面燃气金属管道末端和放散管应分别与楼顶防雷网相连接,并应在放散管或排烟管处加装阻火器或燃气金属管道防雷绝缘接头,对燃气金属管道防雷绝缘接头两端的金属管道做好接地处理。屋面燃气金属管道与避雷网(带)(或埋地燃气金属管道与防雷接地装置)至少应有两处采用金属线跨接,且跨接点的间距≤30 m。当屋面燃气金属管道与避雷网(带)(或埋地燃气金属管道与防雷接地装置)的水平、垂直净距<100 mm时,也应跨接。屋面燃气管与避雷网之间的金属跨接线可采用圆钢或扁钢,圆钢直径≥8 mm,扁钢截面积≥48 mm^2,其厚度≥4 mm,应优先选用圆钢。通常建筑物的燃气设备(如燃气锅炉)安装在建筑物内,但有时也会安装在屋顶。由于燃气锅炉的烟囱及放散管均直接裸露在屋顶,根据《建筑物防雷设计规范》(GB 50057—2010)、《城镇燃气设计规范》(2020版)(GB 50028—2006)和《城镇燃气室内工程施工与质量验收规范》(CJJ 94—2009)等要求,必须在烟囱及放散管的上方采取防护直击雷的措施,即在安全距离范围内安装避雷针、架空避雷线或架空避雷网,使设备在其防雷保护范围内。

一些燃气管道沿建筑物外墙敷设至屋顶,再分别进入燃气用户。为了防止雷电侧击,沿外墙的管道应每隔12 m做一次防雷接地。为了防止雷电直击,屋顶敷设的管道不应跨越建筑物的女儿墙(由于跨越管道不在建筑物防雷设施的保护范围内),应从女儿墙的底部进入室内。

高层建筑引入管与外墙立管相连时,应设绝缘法兰,绝缘法兰上端阀门应用铜芯软线跨接,并且按防雷要求接地,接地电阻≥10 Ω。沿外墙竖直敷设的燃气金属管道应采取防侧击和等电位的防护措施,应每隔≤10 m就近与防雷装置连接。每根立管的冲击接地电阻≤10 Ω。

3)燃气设施电子系统的防雷措施

燃气站场内应设置可燃气体泄漏报警系统,用于对燃气泄漏进行监测与报警,避免由于雷电感应产生火花导致可燃气体燃烧爆炸。站区内的储罐区、压缩机室、调压计量室等场所,都应设置可燃气体检测器。燃气泄漏报警器宜集中设置在控制室或值班室内。

站区内的工业控制计算机、通信、控制系统等电子信息系统设备应设置防雷击电磁脉冲的技术措施。应将进入建筑物和进入信息设备安装房间的所有金属导电物(如电力线、通信线、数据线、控制电缆等的金属屏蔽层和金属管道等）在各防雷区界面处做等电位连接,并宜采取屏蔽措施。在全站低压配电母线上和 UPS 电源进线侧,应分别安装电涌保护器。当数据线、控制电缆、通信线等采用屏蔽电缆时,其屏蔽层应做等电位连接。在一个建筑物内,防雷接地、电气设备接地和信息系统设备接地宜采用共用接地系统,其接地电阻值不应>1 Ω。装于钢储罐上的信息系统装置的配线电缆应采用铠装屏蔽电缆。电缆穿钢管配线时,其钢管首末端应与罐体做电气连接并接地。

5.7.4　防雷装置

常用防雷装置主要包括避雷针、避雷线、避雷网、避雷带及避雷器等。避雷针常用来保护露天变配电设备、建筑物等,避雷线用于保护电力线路,避雷网和避雷带常用来保护高层建筑物,避雷器则常用于保护电力设备。防雷装置主要由接闪器、引下线和接地装置等组成。

1）基本设计要求

（1）接闪器

避雷针、避雷网、避雷带、避雷线以及某些建筑物的金属屋面均可用作为接闪器。为满足热稳定性、机械强度和耐腐蚀性等要求,避雷针常由镀锌圆钢管制成,其中要求钢管厚度≥3 mm,钢管直径选取应满足如下数据要求:

①对于针长 1 m 以下的避雷针,圆钢直径≥12 mm,钢管直径≥20 mm。

②对于针长 1~2 m 以下的避雷针,圆钢直径≥16 mm,钢管直径≥25 mm。

③对于烟囱顶用避雷针,圆钢直径≥20 mm,钢管直径≥40 mm。

此外,为防止腐蚀,避雷针应涂漆或镀锌,在强腐蚀环境下使用时还需适当增加截面积或采取其他防腐措施。

避雷针、避雷带一般用圆钢或扁钢制成,尺寸数据选取应满足以下要求:

①圆钢直径≥20 mm,烟囱顶用避雷环直径≥12 mm。

②扁钢截面≥4 mm×12 mm,烟囱顶用避雷环直径≥4 mm×25 mm。

避雷针一般采用截面积≥35 mm² 的镀锌钢绞线。除第 1 类防雷建（构）筑物外,其他场所的金属屋面可用作接闪器,且钢板厚度≥4 mm。

（2）引下线

引下线一般由圆钢或扁钢构成,技术数据要求与避雷网和避雷带相同。用钢绞线作引下线时,其截面面积≥25 mm²。引下线一般沿建筑物外墙敷设,经最短路径接地,采用直径为 10 mm 的圆钢或截面积为 4 mm×20 mm 的扁钢即可。当采用建筑物金属构件（如金属烟囱等）作引下线时,所有金属构件之间必须焊接成电气通路。若将建筑物钢筋混凝土梁柱、屋面板、基础内的钢筋作为引下线,通过雷电流的钢筋总截面应满足以下数据要求:

①需要验算疲劳的构件:≥90 mm²。

②屋架、托架、屋面梁等构件:≥64 mm²。

除第 1 类防雷建（构）筑物外,钢筋混凝土内的构件钢筋节点可用绑扎法连接,但外部连接的钢筋必须焊接。对于距离地面以上约 1.7 m 至距地面以下 0.3 m 范围内的引下线,还必须加设钢管、竹管等保护措施。此外,相互连接的避雷针、避雷网、避雷带或金属屋面的接地

引下线,一般不得少于 2 根,且相互之间的距离应满足以下数据要求:

①第 1 类建(构)筑物:≥18 m。

②第 2 类建(构)筑物:≥24 m。

③第 3 类建(构)筑物:≥30 m。

(3)接地装置

接地装置由埋设在地下的接地体和与之相连的接地线组成。其中,人为埋入地下的金属物,如角钢、扁钢、钢管等,称人工接地体,利用已有的与大地接触并兼作接地用的金属物,如钢筋混凝土基础、金属管道、电缆金属外皮等,称自然接地体。人工接地体垂直敷设时多采用钢管或角钢,水平敷设时多采用扁钢或圆钢。关于接地体最小尺寸数据要求列于表 5.24。

防雷接地装置除要求满足表 5.24 所列尺寸数据外,还应考虑跨步电压造成的危害。对于防直击雷接地装置,一般要求距离建(构)物出入口和人行道不小于 3 m,小于 3 m 时,则应将水平接地体局部埋深 1 m 以上,或将水平接地体局部包以 50~80 mm 厚的沥青,或采用沥青碎石地面,或在接地体上方敷设 50~80 mm 厚的沥青层且宽度应超过接地装置 2 m 以上。

表 5.24　钢接地体最小尺寸数据

种　类	规　格	地面上敷设		地下暗敷设
		室　内	室　外	
圆钢	直径/mm	5.0	6.0	8.0
扁钢	截面积/mm²	24.0	48.0	48.0
	厚度/ mm	3.0	4.0	4.0
角钢	厚度/ mm	2.0	2.5	4.0
钢管	壁厚/ mm	2.5	2.5	3.5

(4)接地电阻冲击系数

防雷接地电阻一般是指冲击接地电阻值。对于第 1,2,3 类建(构)筑物,防直击雷冲击接地电阻分别为小于 10 Ω、10 Ω 和 20~30 Ω;对于第 1,2 类建(构)筑物,防雷电感应冲击接地电阻应不大于 10 Ω;防雷电侵入波冲击接地电阻则不应超出 4~10 Ω 的范围。

冲击接地电阻与工频接地电阻之比称为冲击系数,即:

$$\alpha = \frac{R_0}{R_g} \tag{5.34}$$

式中　α——冲击系数,取值在 0.20~1.25;

　　　R_0——冲击接地电阻,Ω;

　　　R_g——工频接地电阻,Ω。

在防雷设计中,接地体冲击系数一般可按式(5.35)估算:

$$\alpha = \frac{1}{0.9 + k\dfrac{(I_0\rho)^\gamma}{L^\lambda}} \tag{5.35}$$

式中　I_0——雷电冲击电流,kA;

ρ——土壤电阻率,$k\Omega\cdot m$;

L——垂直接地体或水平带形接地体长度,或水平环形接地体直径,m;

k,λ,γ——接地体形状系数,对于垂直接地体,$k=0.9,\gamma=0.8,\lambda=1.2$,对于水平带形和环形接地体,$k=2.2,\gamma=0.8,\lambda=1.2$。

在冲击电流波头宽度为 3~6 μs 条件下,垂直接地体、水平带形接地体及水平环形接地体的冲击系数分别见表 5.25、表 5.26 和表 5.27。

表 5.25　垂直接地体(长 2~3 m,直径小于 6 cm)冲击系数

土壤电阻率 /($\Omega\cdot m$)	雷电流/kA			
	5	10	20	40
100	0.85~0.90	0.75~0.85	0.60~0.75	0.50~0.60
500	0.60~0.70	0.50~0.60	0.35~0.45	0.25~0.30
1 000	0.45~0.55	0.35~0.45	0.25~0.30	—

表 5.26　水平带形接地体(宽 2~4 cm 扁钢或直径小于 1~2 cm 圆钢)冲击系数

土壤电阻率 /($\Omega\cdot m$)	接地体之间 距离/m	雷电流/kA			
		5	10	20	40
100	5	0.80	0.75	0.65	0.50
	10	1.05	1.00	0.90	0.80
	20	1.20	1.15	1.05	0.95
500	5	0.60	0.55	0.45	0.30
	10	0.80	0.75	0.60	0.45
	20	0.95	0.90	0.75	0.60
	30	1.05	1.00	0.90	0.80
1 000	10	0.60	0.55	0.45	0.35
	20	0.80	0.75	0.60	0.50
	40	1.00	0.95	0.85	0.75
	60	1.20	1.15	1.10	0.95
2 000	20	0.65	0.60	0.50	0.40
	40	0.80	0.75	0.65	0.55
	60	0.95	0.90	0.85	0.75
	80	1.10	1.05	0.95	0.90

表 5.27　水平环形接地体(宽 2~4 cm 扁钢或直径小于 1~2 cm 圆钢)冲击系数

土壤电阻率/($\Omega\cdot m$)	100			500			1 000		
雷电流/kA	20	40	80	20	40	80	20	40	80

续表

土壤电阻率/(Ω·m)	100			500			1 000		
环直径/2 m	0.80	0.70	0.60	0.60	0.50	0.35	0.45	0.40	0.30
环直径/4 m	0.60	0.45	0.35	0.50	0.40	0.25	0.35	0.25	0.20
环直径/8 m	0.75	0.65	0.50	0.55	0.45	0.30	0.30	0.40	0.25

2)避雷器

（1）保护间隙

保护间隙主要由镀锌圆钢主间隙和辅助间隙组成,结构原理如图 5.52 所示。主间隙通常做成角形,水平安装,以便使电弧因空气受热而上升,被推移到间隙的上方拉长而熄灭。另外,为防止主间隙被外来物体短路引起误动作,常在主间隙下方串联一个辅助间隙。几种常用保护间隙距离数据列于表 5.28。

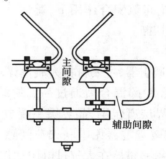

图 5.52 保护间隙结构图

表 5.28 集中常用的保护间隙距离

额定工频电压/kV	主间隙距离/mm	辅助间隙距离/mm	材料及规格
3	8	5	$\phi 6 \sim 12$ mm 圆钢
6	15	10	$\phi 6 \sim 12$ mm 圆钢
10	25	10	$\phi 6 \sim 12$ mm 圆钢

（2）管形避雷器

管形避雷器主要由灭弧管及内、外间隙组成,灭弧管一般由纤维、胶水、塑料或橡胶等在电弧高温下能产生气体的材料制成,间隙由棒形和环形电极构成。管形避雷器结构原理如图 5.53 所示。基本工作原理为:在高电压冲击作用下,内、外间隙被击穿,雷电流泄入大地,随之而来的工频电流产生强电弧燃烧灭弧管内壁,产生大量气体从管口喷出吹灭电弧,保证正常工作。外间隙的主要作用是防止灭弧管受潮时发生闪络而导致避雷器误动作,使管子在正常情况下与工作电压隔离而不带电。管形避雷器灭弧能力主要与灭弧管特征及续流大小有关。续流太小时,由于产生气体量太少,避雷器不能灭弧;续流太大则产气过多,当气体压力超过灭弧管机械强度时,就会发生破裂或爆炸。管形避雷器的主要不足是多次动作后管壁会变薄,当内径增大到120%~150%时就不能使用。另外,管形避雷器伏秒特性太陡,运行维护较难,并能产生高伏值载波。

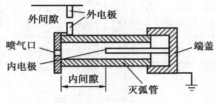

图 5.53 管形避雷器结构图

（3）阀型避雷器

阀型避雷器的瓷套内主要由一些串联火花间隙和电阻阀片组成。当高压冲击波袭来时,避雷器火花间隙被击穿,巨大的雷电流通过电阻阀片时只遇到很小的电阻,进入被保护物的只是不大的残压,从而使被保护物免遭危害,而尾随雷电流而来的工频电流却在电阻阀片上遇到很高的电阻,致使有限的工频电流很快被电火花间隙阻断,并迅速熄灭火花间隙内的电弧。由此可见,在电阻阀片和火花间隙配合作用下,避雷器很像一个阀门,对雷电流阀门打开,对工频电流则阀门关闭,迅速切断。

（4）金属氧化避雷器

金属氧化物避雷器又称压敏避雷器,主要材料为氧化锌,添加一定量三氧化二铋、三氧化二锑及二氧化锰等金属氧化物,经粉碎混合后通过高温烧结制成。氧化锌粒子平均直径为 $10~\mu m$,被厚度在 $1~\mu m$ 以下的晶界层所包围,晶界层主要成分是三氧化二铋,氧化锌元件非线性特性主要取决于晶界层。压敏避雷器无串联火花间隙,从而改善了避雷器陡波响应特性,提高了设备保护的可靠性;压敏避雷器在大气过电压动作后并无工频续流通过,从而减少了避雷器中能量通过,延长了避雷器工作寿命。此外,压敏避雷器还具有结构简单、体积小、造价低等优点,已被广泛推广和使用。

（5）电子避雷器

雷电冲击波可能会从电子设备的天馈线路、信号线路、电源线路等"引雷线路"侵入电子设备。电子避雷器采用无源互易波导电路将雷电冲击波和通信等有用信号分开的波道分流技术,对雷电冲击波进行有效抑制和疏导入地,从而实现防雷作用。

6

燃气设施安全检查与检测

安全检查是燃气设施安全评估、安全管理的基础。通过安全检查,管理者可以发现燃气设施的安全薄弱环节和潜在危害等不安全因素,通过采取技术或管理上的措施排除这些不安全因素,从而保障安全。安全检查的对象不仅仅是燃气设施的技术状况,也可以是其管理状况。安全检测是指按照一定的标准或程序、采用一定的科学仪器对燃气设施进行的检查、检测活动。

6.1 燃气设施安全检查

安全管理人员应当制订燃气设施的安全检查表,明确安全检查的内容和周期。安全检查人员应做好安全检查记录,发现问题应及时上报并采取有效的处理措施。

6.1.1 燃气设备安全检查的一般要求

1)调压装置的安全检查

调压装置的巡检应检查调压器、过滤器、阀门、安全设施、仪器、仪表等设备的运行情况,所有设备和附件不得有泄漏等异常情况。寒冷地区在采暖期前应检查调压室的采暖状况或调压器的保温情况。

对调压器及附属设备的检查应包括以下内容:

①应巡检各连接点及调压器的工作情况。当发现燃气有泄漏及调压器有喘息、压力跳动等问题时,应及时处理。

②应及时清除各部位油污、锈斑,不得有腐蚀和损伤。

③对新投入使用和保养修理后重新启用的调压器,必须经过调试,达到技术要求后方可投入运行。

④对停气后重新启用的调压器,应检查进出口压力及有关参数。

⑤应定期检查过滤器前后压差,并应及时排污和清洗。

⑥应定期对切断阀、水封等安全装置进行可靠性检查。

2) 加臭装置的安全检查

加臭装置的安全检查应包括以下内容:

①应定期检查储液罐内加臭剂的储量。

②控制系统及各项参数应正常,出站加臭剂浓度应符合现行国家标准《城镇燃气设计规范》(2020版)(GB 50028—2006)的规定,并应定期抽样检测。

③加臭泵的润滑油液位应符合运行规定。

④加臭装置不得泄漏。

⑤加臭装置应定期进行校验。

⑥对加臭剂应妥善保管,加臭剂的储存应符合有关规定的要求。

3) 储气罐的安全检查

(1)低压湿式储气罐的安全检查项目

①塔顶塔壁不得有裂缝损伤和漏气,水槽壁板与环形基础连接处不应漏水,气相基础不得有异常沉降,并应做好记录。

②导轮和导轨的运动应正常。

③放散阀门应启闭灵活。

④寒冷地区在采暖期前应检查保温系统。

⑤应定期、定点测量各塔的环形水槽水位。

⑥储气柜运行压力不得超出所规定的压力,储气柜升降幅度和升降速度应在规定范围内,在台风地区当有台风影响时应适当降低气柜高度。

⑦当导轮与轴瓦之间发生磨损时,应及时修复。

⑧导轮的润滑油杯应定期加油,发现损坏应立即维修。

⑨维修储气柜时,操作人员必须佩戴安全帽、安全带等防护用具,所携带工具应严加保管,严禁以抛接方式传递工具。

⑩进入气柜作业前应先检测柜内可燃或有毒气体浓度,按规定穿戴防护服及正确使用工具。

(2)低压干式储气罐的安全检查项目

除了包括低压湿式罐的检查项目,还应包括:

①气柜柜体应完好,不得有变形和裂缝损伤。

②气柜活塞油槽泊位、横向分隔板及密封装置应正常,定期测量油位并与活塞高度进行比对。气柜活塞水平倾斜度、升降幅度和升降速度应在规定范围内,并做好测量记录。

③气柜柜底油槽水位、油位应保持在规定值范围内,采暖期前应检查保温系统。

④气柜外部电梯及内部升降机(吊笼)的各种安全保护装置应可靠有效、电器控制部分应动作灵敏,运行平稳,应定期进行维修、检验,并做好记录。

⑤定期化验分析密封油黏度和闪点,当其超过规定值时应及时进行更换。

⑥气柜油泵启动频繁或两台泵经常同时启动时,应分析原因,及时排除故障。

⑦应定期清洗油泵入口的过滤网。

（3）高压储罐的安全检查项目

①高压储罐的安全检查应符合国家现行规范《压力容器安全技术监察规程》的规定。

②高压储罐应严格控制运行压力,严禁超压运行,并对温度、压力等各项参数定时观察。

③应填写高压储罐的运行、维修记录。

④应定期对阀门做启闭性能测试,当阀门无法正常启闭或关闭不严时,应及时维修或更换。

（4）压缩机、烃泵的安全检查项目

①应检查压力、温度、密封、润滑、冷却和通风系统。

②阀门开关应灵活,连接部件应紧固,运动部件应平稳,无异响、过热、泄漏及异常振动等。

③指示仪表应正常,各运行参数应在规定范围内。

④各项自动、连锁保护装置应正常。

⑤当出现自动连锁保护装置失灵,润滑、冷却、通风系统出现异常,压缩机运行压力高于规定压力或压缩机、烃泵、电动机、发动机等有异声、异常振动、过热、泄漏等异常现象时,应能及时停车。

⑥压缩机检修完毕重新启动前应对设备进行置换,置换合格后方可开机。

6.1.2　燃气设备安全检查方法

1) 依靠人体感官的巡检

依靠巡检人员的感官检查各类燃气管道及其附件有无泄漏,管道及环境有无异常,尤其应注意管道受破坏的可能性和管道一旦破坏可能产生的后果程度,如检查是否存在受限空间,周围是否有重要建筑物等,巡检内容应符合6.1.1的要求。

2) 燃气泄漏检测

（1）声波检漏法

声波检漏法即超声波检漏法。流体泄漏时,由于内外压差,使流体通过漏点时产生涡流,这个涡流产生振荡变化的声波,其频率在6~80 kHz。该声源发出超声波的物理参数,利用压电传感器在20 m以外可以检测到漏点。

（2）可燃性气体检漏法

可燃性气体检漏法用于天然气管线泄漏和含有较多轻烃的原油管线泄漏的检漏。气体检测法有火焰电离检测法和可燃性气体检测法。

①火焰电离检测器的定位精度高,响应时间为2 s,抗干扰能力强,检测速度约为30 km/h（车载）。

②可燃性气体检测器通过扩散作用从空气中取样,利用催化氧化原理产生一种与可燃性气体浓度成比例的信号,一旦可燃性气体浓度超过爆炸下限的20%,仪器就会报警。

（3）激光法

激光放射装置发射一种仅能被甲烷（天然气的主要成分）吸收的光波，光波被其他物体表面发射后回到发射装置，通过比较发射和回收的光波的能量差值，判别甲烷的浓度。若甲烷浓度高，则可能发生了天然气泄漏。

（4）红外热像法

泄漏会引起周围土壤或空气环境的温度变化。利用红外热像仪扫描该环境可发现泄漏。

（5）示踪剂法

在输送流体中掺入液体示踪剂，当管线泄漏时，流体从管中流出，流体中的示踪剂挥发，并扩散弥漫到周围的土壤中，检测示踪剂的气体分子就能准确检出泄漏位置。

3）管道检查检测

站场埋地管道的检测技术实施应遵循一定的配置原则："快速定位、定性，精确定量"。这也是近年来国内外站场埋地管道检测技术实施过程中一项基本要求。站场埋地管道检验技术实施应先进行非开挖检验评价，埋地管道腐蚀防护系统检测及评价主要分为三大类：环境腐蚀性、防腐层质量和阴极保护效果。环境腐蚀性主要检测技术基本是采用四极法（WINNER）测土壤电阻率，土壤电位梯度、电位法、感应法测杂散电流；防腐层的检测技术手段主要是，交流电位梯度法（ACVG）检测防腐层局部破损，交流电流衰减法。

检测方法选择：在非开挖检测技术实施过程中，为提高检测结果的准确性，应根据被检管道材质、制造方法、工作介质、使用条件等预计可能产生的缺陷种类、形状、部位和取向，选择合适的检测方法。如采用同种检测方法、不同检测工艺进行检测，当检测结果不一致时，应以质量级别最差的为准。

站场埋地管道检验实施开挖直接检验，应确定适合的位置和数量，开挖检验项目主要从6个方面进行验证。

①在环境土壤检查方面，应考虑到质地、分层情况、干湿度等关键基础数据。

②在外防腐层检测技术实施方面，应考虑管材的类型、状况、厚度、黏结性、破损情况及无破损处质量等关键数据的采集或考证。

③在管体外腐蚀检查阶段，应对腐蚀缺陷尺寸、相对位置、腐蚀形貌进行科学测量。

④在管线内腐蚀情况检查过程中，宜采取各种仪器对管体剩余壁厚精确检测，为管道剩余寿命计算和安全评价做好数据积累。

⑤对可能发生硫化氢腐蚀的管道，应进行焊接接头的硬度测试。

⑥同时，要留取开挖现场缺陷部位的数字和影像材料。

针对不同位置，通过历年站场埋地管道现场检测技术实施，总结出较为合适的配置方案。如：焊缝区域适合采用磁记忆应力、超声波方法进行定性定位测试，相控阵、衍射时差法（TOFD）进行定量检测；管道本体宜采用声发射、超声导波进行定性定位测试，超声C扫描、超声测厚进行定量检测；法兰和三通宜采用磁记忆应力检测定性定位测试、相控阵定量的检测技术。连接焊缝法兰侧不适宜采用常规超声波探伤，可采用声束为扇形区域的超声波相控阵检测做连接焊缝质量检测。

天然气场站内管道敷设复杂、管径不同，管道通常具有复杂的形状并带有各种弯头、支管和三通等。局部应力集中,腐蚀控制更加复杂。传统的管道检测技术不能得到很好的应用。在不影响管道正常运行的情况下进行安全性能检测,尤其针对管道焊缝和本体部分,方法尤为重要。检测采用了常规无损检测方法(磁粉检测、超声检测、射线检测)、超声相控阵、超声导波和电磁超声测厚方法。

(1)常规无损检测

①磁粉检测:磁粉检测主要用于检测铁磁性材料工件的表面或近表面缺陷,能够直观地发现缺陷的大小、位置和形状,具有很高的灵敏度。

②超声检测:考虑到检测的效率和现场工作人员防护距离不足的因素,对管道焊缝的内部进行缺陷检测,管壁厚度超过8mm的采用超声检测。

③射线检测:对于管径和壁厚较小的管道进行焊缝内部缺陷检测,采用射线检测方法。射线检测方法直观可记录,对缺陷性质较容易判定。由于管道内部介质为天然气,正常运行时对射线检测灵敏度影响较小,可以满足标准要求,可实现在线检测。

(2)超声相控阵检测

对焊缝进行检测时,传统的超声检测采用单晶片探头发散声束,超声场沿单一角度传播,对不同方向的检测能力有限。而超声相控阵检测通过对各阵元的有序激励可得到灵活的偏转及聚焦声束,联合线性扫查、扇形扫查、动态聚焦等独特的工作方式,使其比传统超声检测具有更快的检测速度与更高的灵敏度,且图像化的检测结果更加直观,更适用于复杂结构零件的高精度检测。

(3)超声导波检测

超声导波检测时不需要液体进行耦合,采用机械或气压施加到探头的背面以保证探头与管道表面接触,从而达到超声波良好的耦合。由于导波可进行双向传播,检测距离长,对于埋地管道可只开挖部分检测点,也可在地面对埋地部分管道进行检测,从而减少开挖量,提高检测效率。

(4)电磁超声测厚

在一般铁磁性材料中,同时存在磁致伸缩与逆磁致伸缩现象。此外,由于电磁感应的存在,材料形变而产生的磁场,必然会在材料中感应一个电场,所以可以预料,在铁磁材料中的任何机械振动都会伴随着产生一个电磁振动,这两种振动产生的波相互耦合在一起,就会形成电磁超声。由于电磁超声测厚不需要采用耦合剂,可以在有油漆层的情况进行测厚,测厚精度也较高,可减少油漆打磨量。

6.1.3　燃气管道及附件安全检查的一般要求

1)燃气管道的安全巡查与检查

地下管道属于隐蔽工程,地下管道发生泄漏一般不容易被发现,而且地下管道燃气的泄漏容易在地下的封闭空间聚集,因而往往容易发生火灾、爆炸等严重安全事故。因此地下燃气管道需要更为细致的安全检查。地下管道的安全巡查应当包括以下内容:

①在燃气管道设施的安全保护范围内不应有土壤塌陷、滑坡、下沉、人工取土、堆积垃圾或重物、管道裸露、种植深根植物及搭建(构)筑物等。

②管道沿线不应有燃气异味、水面冒泡、树草枯萎和积雪表面有黄斑等异常现象或燃气泄出声响等。有上述现象发生时,应查明原因并及时处理。

③对穿越跨越处、斜坡等特殊地段的管道,在暴雨、大风或其他恶劣天气过后应及时巡查。

④在燃气管道安全保护范围内的施工,其施工单位在开工前应向城镇燃气供应单位申请现场安全监护。对有可能影响燃气管线安全运行的施工现场,应加强燃气管线的巡查与现场监护,可设立临时警示标志。施工过程中造成燃气管道损坏、管道悬空等,应及时采取有效的保护措施。

⑤对燃气管道附件丢失或损坏,应及时修复。

地下管道的泄漏检查可采用仪器检测或地面钻孔检测,可沿管道方向和从管道附近的阀门井、窨井或地沟等地上(下)建(构)筑物开始检测。地下燃气管道的泄漏检查次数应符合下列规定:

①高压、次高压管道每年不得少于1次。

②聚乙烯塑料管或设有阴极保护的中压钢管,每2年不得少于1次。

③铸铁管道和未设阴极保护的中压钢管,每年不得少于2次。

④新通气的管道应在24 h之内检查1次,并应在通气后的第一周进行1次复查。

对架空敷设的燃气管道应有防碰撞保护措施和警示标志,并定期对管道外表面进行防腐蚀情况检查和维护。

2)附件的安全检查

定期检查燃气阀门,阀门不得有燃气泄漏、损坏等现象;阀门井内不得积水、塌陷,不得有妨碍阀门操作的堆积物。应根据管网运行情况对阀门定期进行启闭操作和维护保养;对无法启闭或关闭不严的阀门,应及时维修或更换。

凝水缸应定期排放积水,排放时不得空放燃气;在道路上作业时,应设作业标志;定期检查凝水缸护罩(或护井)、排水装置,不得有泄漏、腐蚀和堵塞的现象,也不得妨碍排水作业的堆积物;凝水缸排出的污水应收集处理,不得随地排放。

波纹管调长器接口应定期进行严密性及工作状态检查。调长器调节操作完成后应拧紧螺母,使拉杆处于受力状态。

6.1.4　用户设施的安全检查

燃气供应单位应对燃气用户设施定期进行检查,对用户进行安全用气的宣传。对商业用户、工业用户、采暖等非居民用户每年检查不少于1次;对居民用户每2年检查不少于1次。对用户的安全检查应包括下列内容,并应做好检查记录:

①确认用户设施完好。

②管道不应被擅自改动或作为其他电气设备的接地线使用,应无锈蚀、重物搭挂,连接软管应安装牢固且不应超长及老化,阀门应完好有效。

③用气设备应符合安装、使用规定。

④不得有燃气泄漏。

⑤用气设备前燃气压力应正常。

⑥计量仪表应完好。

对用户设施进行维修和检修作业时,应采用检查液检漏或仪器检测,发现问题应及时采取有效的保护措施,应由专业人员进行处理。燃气设施和用气设备的维护和检修工作,必须由具有国家相应资质的单位及专业人员进行。

进入室内进行抢修或维修作业前,应首先检查有无燃气泄漏;当发现燃气泄漏时,应在安全的地方切断电源,开窗通风,切断气源,消除火种,严禁在现场拨打电话;在确认可燃气体浓度低于爆炸下限20%时,方可进行检修作业。

城镇燃气供应单位应向用户宣传下列用户必须遵守的规定:

①正确使用燃气设施和燃气用具,严禁使用不合格的或已达到报废年限的燃气设施和燃气用具。

②不得擅自改动燃气管线和擅自拆除、改装、迁移、安装燃气设施和燃气用具。

③在安装燃气计量仪表、阀门及气化器等设施的专用房内不得有人居住、堆放杂物等。

④不得加热、摔砸、倒置液化石油气钢瓶及倾倒瓶内残液和拆卸瓶间等附件。

⑤严禁使用明火检查泄漏。

⑥连接燃气用具的软管应定期更换,严禁使用过期软管,并应安装牢固,不得超长。

⑦正常情况下严禁用户开启或关闭燃气管道上的公用阀门。

⑧当发现室内燃气设施或燃气用具异常、燃气泄漏、意外停气时,应在安全的地方切断电源、立即关闭阀门、开窗通风,严禁动用明火、启闭电器开关等,应及时向城镇燃气供应单位报修,严禁在漏气现场打电话报警。

⑨应协助城镇燃气供应单位对燃气设施进行检查、维护和抢修。

⑩城镇燃气供应单位应向用户宣传使用可燃气体浓度报警器。

6.2　燃气设施安全检测

6.2.1　泄漏检测与监测

1)燃气泄漏的检测

燃气的泄漏检测属于日常巡检的重要内容之一,燃气泄漏检测可采用检漏仪,对于地下管道可采取地面钻孔检测,也可沿管道方向或附近的阀井、检查井、地沟等建构筑物检测。国内外已有多种管道泄漏检测方法,各个检测方法的原理和实现手段各不相同。根据管道泄漏测量媒介的不同,将管道泄漏检测方法分为直接检测法与间接检测法。

（1）直接检测法

①人工观察法:由技术人员或者嗅觉灵敏并经过训练的动物沿着管道检查是否有泄漏发生。人工观察法依赖检测人员的经验,检测方法耗时、检测精度不高,一般只能检测较大量的泄漏,但此方法误报率低,定位精度较高。

②空气采样法:采用检测仪器判断管道周围空气的燃气浓度是否超过阈值。该方法灵敏度较高,但无法进行连续检测。

③机载红外线法:用直升机吊着精密红外摄像机沿着管道飞行,记录埋地管道周围不规则的地热辐射效应,利用光谱分析可检测出较小泄漏点的位置,并将记录结果保存在红外摄像机内。该方法费用较高,泄漏点定位较精确。

④示踪剂检测法:将放射性物质混入管道输送气体中,管道发生泄漏时,利用检测仪对管壁周围放射性物质浓度进行检测,判断泄漏点位置。该方法不能实时在线检测。

(2)间接检测法

间接检测法分为基于硬件检测法和基于软件检测法。基于硬件检测法是指将硬件装置安装在管线上或管道内,以此来检测管道的泄漏并定位;基于软件的方法是利用各种方法对采集的数据进行处理,然后进行检测和定位。

①基于硬件检测法

a.漏磁通检测法:将燃气管道作为铁磁性材料,施加外磁场时,若管壁无缺陷,磁力线无变化穿过管壁,管壁有缺陷会导致缺陷处磁场发生变化。该方法易操作,但精度不高,PE管不适用。

b.超声波检测法:向管道内发射一束超声波,若管壁内外表面反射波的时间差保持不变,则管道无泄漏,若时间差有变化,则管道泄漏。该方法精度较高,但不能实时检测。

c.探测球法:管道一端放入探测球,采用漏磁、涡流、录像等技术,采集管内信息,从管道另一端取出探测球,对数据分析确定有无泄漏及泄漏点位置。该方法投资较大,易造成管道堵塞,但定位较准确。

d.电缆检测法:沿管线铺设电缆,管道泄漏物质会造成电缆属性发生变化,实现泄漏检测。该方法经济性低,且电缆属性发生变化后不可再次使用。

e.光纤检测法:在管道上敷设光纤,利用光纤作为振动传感器或温度传感器,采集管道周围信号,对所采集信息进行处理,判断是否发生泄漏。该方法信号传输方便,但易受其他环境因素干扰,测量精度低。

②基于软件检测方法

A.负压波法:管道发生泄漏时,泄漏点和其相邻的两侧区域间产生压力差,导致泄漏点两侧高压流体向泄漏点处迅速填充,从而泄漏点两侧压力降低,这种现象从泄漏点处沿两侧方向依次扩散,相当于在泄漏点上产生了一定波速的负压波,沿着泄漏点两端传播。捕捉负压波可进行泄漏检测与定位。该方法避免建立复杂的数学模型,操作简单,但易受外界因素干扰、误报率高,不易检查小泄漏的发生。

B.流量平衡法:流量平衡法利用管道入口流量等于管道出口流量原理,但实际情况下,受温度、压力等因素影响,首末端流量不相等,通常将管道正常运行情况下首末端流量差的最大值设为阈值,管道泄漏时,实时监测的首末端流量差大于流量阈值。该方法不易被外界干扰,但不能定位,检测周期较长。

C.压力点分析法:沿管道设点进行压力采集,提取压力变化曲线,与正常运行状态下压力曲线作比较,差值判断是否有泄漏发生。该法存储量和计算量较小,对气体泄漏检测响应时间较快,但不能定位。

D.压力梯度法:假设沿着管线压降是线性变化的,根据首末端的测量压力,绘制首末端压力曲线图,若出现交点则为泄漏点。该方法依赖硬件精度,检测定位精度不高。

E.声学法:用声传感器检测沿管线传播的泄漏噪声信号,用相关分析法、小波变换等方法处理信号,对管道的泄漏进行检测和定位。该方法检测准确率较高、定位精度也较高,但易受外界环境影响。

F.实时模型法:

a.基于状态观测器的实时模型法:建立管道流体的观测模型,模型输入为首段的压力、流量等,输出为末端的压力、流量等参数,采集管道的实际值,管道发生泄漏时,观测值与实际值发生偏差。此方法依赖模型和硬件精度。

b.基于系统辨识度的实时模型法:正常运行工况下,建立无故障模型和故障模型。故障模型可以检测泄漏,无故障模型可以估算泄漏点位置。此方法运算量大,且依赖硬件的灵敏度,适合小泄漏情况。

c.基于瞬变流的实时模型法:泄漏工况下会引起管内压力瞬态的扰动,对此建立瞬变流模型,通过采集压力,进行模型分析,判断管道内是否发生泄漏。此方法检测准确性较高,但模型建立较复杂。

d.基于卡尔曼滤波器的实时模型法:建立压力、流量、泄漏量空间离散模型,整个管道划分若干段,压力、流量作为输入,泄漏量为输出,利用算法可实现燃气管道的泄漏检测与定位。此方法检测和定位精确度依赖模型,与等分段数有关。

e.统计决策法:正常工况下,管道进出口压力、流量满足一定函数关系,实时采集并计算管道压力与流量的关系;管道泄漏发生时,流量、压力的关系改变,可用最小二乘法进行泄漏定位。此方法操作简单,但无法对小泄漏进行检测。

f.基于神经网络和模式识别法:需要建立管道泄漏工况下的模型,得到各个监测点的压力变化,映射出泄漏点与各个监测点压力间关系,根据建立好的映射关系的神经网络对实际管道进行监测。此方法不需要实测数据,但容易受其他工况影响。

2)燃气管道阴极保护系统的检测

燃气管道的阴极保护系统应定期检测,并应做好记录;检测周期及检测内容应符合下列规定:

①牺牲阳极阴极保护系统、外加电流阴极保护系统检测每年不少于 2 次。

②电绝缘装置检测每年不少于 1 次。

③阴极保护电源检测每年不少于 6 次,且间隔时间不超过 3 个月。

④阴极保护电源输出电流、电压检测每日不少于 1 次。

⑤强制电流阴极保护系统应对管道沿线土壤电阻率、管道自然腐蚀电位、辅助阳极接地电阻、辅助阳极埋设点的土壤电阻率、绝缘装置的绝缘性能、管道保护电位、管道保护电流、电源输出电流、电压等参数进行测试。

⑥牺牲阳极阴极保护系统应对阳极开路电位、阳极闭路电位、管道保护电压、管道开路电位、单支阳极输出电流、组合阳极联合输出电流、单支阳极接地电阻、组合阳极接地电阻、埋设点的土壤电阻率等参数进行测试。

⑦阴极保护失效区域应进行重点检测,出现管道与其他金属构筑物搭接、绝缘失效、阳极地床故障、管道防腐层漏点、套管绝缘失效等故障时应及时排除。

3) 在役燃气管道防腐层的检测

在役燃气管道防腐层应定期检测,且应符合下列规定:

①正常情况下高压、次高压管道每 3 年进行 1 次,中压管道每 5 年进行 1 次,低压管道每 8 年进行 1 次。

②上述管道运行 10 年后,检测周期分别为 2 年、3 年、5 年。

③已实施阴极保护的管道,当出现运行保护电流大于正常保护电流范围、运行保护电位超出正常保护电位范围、保护电位分布出现异常等情况时应检查管道防腐层。

④可采用开挖探境或在检测孔处通过外观检测、黏结性检测及电火花检测评价管道防腐层状况。

⑤管道防腐层发生损伤时,必须进行更换或修补,且应符合相应国家现行有关标准的规定。进行更换或修补的防腐层应与原防腐层有良好的相容性,且不应低于原防腐层性能。

⑥运行中的钢制管道第一次发现腐蚀漏气点后,应对该管道选点检查其防腐涂层及腐蚀情况,并应针对实测情况制定运行、维护方案;钢制管道埋设 20 年,应对其进行评估,确定继续使用年限,制定检测周期,并应加强巡视和泄漏检查。

6.2.2　埋地管道探测

地下燃气管线一般分为两种:金属管材和非金属管材。其中金属管材主要是钢质或铸铁燃气管,其电性特征表现为良导圆柱体,它与周围覆盖层存在明显的电性差异,且表现为二维线性特征,常规探测方法能较好地识别;而非金属管材主要是 PE 燃气管,其外壳表现出高阻性质,探测这类高阻管,常规方法难以识别。另外,一些干扰源对管线的探测精度也存在很大影响,这些干扰主要来自道路结构的钢筋网、路面金属隔离带、架空或地下电力线、地下管线间相互干扰等。因此,在如此复杂环境下进行管线探测,不仅需要高性能的探测仪器,还需要结合多种物探方法。

1) 地下管线探测技术规定

根据《城市地下管线探测技术规程》(CJJ 61—2003)要求,地下管线探测的技术规定主要包括以下几个方面:

①平面坐标系统、高程系统和地下管线图的分幅与编号;

②地下管线普查的取舍标准,需探测的地下燃气管线:管径≥50 mm 或管径≥75 mm;

③地下管线探测和测量精度;

④地下管线图的测绘精度;

⑤管线点的设置、间距、编号,管线点地面标志设置,探查记录要求;

⑥地下管线探查工作的质量检验;

⑦地下管线测量的内容、方法;

⑧测量成果的质量检验;

⑨地下管线图的编绘方法、内容和要求,以及成果表编制和编绘检验等。

具体内容可参见国家行业标准《城市地下管线探测技术规程》(CJJ 61—2003)及各地地方相关标准。

2)地下管线探测的工作程序地下管线探测的工作程序

①签订合同:与具有探测资质的测绘单位签订探测编绘合同,明确测区范围,交代地下燃气管线探测任务。

②协助合同单位收集整理资料,收集测区及相邻的控制点成果、地形图、管线图以及管线的设计、施工与竣工资料。

③由管线运行人员与探测人员共同踏勘现场,了解测区的地形、地物、地质、地貌、交通及管线分布出露情况。

④由探测单位编写技术设计书,制订管线探查和测量的技术方法,进行工作进度安排,提供质量保证措施。

⑤已有管线的现况调绘,编制地下管线现况调绘图。

⑥地下管线探查的实地调查,对明显管线点做调查、记录和量测。

⑦采用物探技术方法进行地下管线隐蔽管线点的探测,在地面设置标志。

⑧在管线现况调绘的同时进行管线的控制测量。

⑨管线测量一般使用全站仪用极坐标法进行。

⑩地下管线带状地形图测绘,应采用数字测绘方法。

⑪地下管线探查和测量的质量检查,编写相应的质量检查报告。

⑫地下管线图编绘,包括地下管线图、专业地下管线图、管线横断面图以及局部放大图的编绘。

⑬编绘检验和成果表编制。

⑭地下管网信息系统的数据库建库与数据库转换工作。

3)地下管线探测方法

探测地下管线的方法基本上分为两种。

一种是当阀门井、凝水器井分布较密时,可借助其采取井内直接观测与追索的方法。在环境条件允许的情况下,可适当开挖一定数量探坑;而对于埋深较浅且覆土层松动的情况,可用钢钎简易触探。井内观测与追索通常是井内、探坑、触探相结合。这种方法在某些管线复杂地段和检查验收中仍需采用,且经济简便、可行直观。

另一种是利用地下管线探测仪器与井中调查相结合的物探方法,又细分为磁探测法、电探测法和弹性波法。

(1)磁探测法

磁探测法是地球物理探测法中的一种,也称为磁法探测。埋设于地下的铁质管道在地球磁场的作用下易被磁化,管道具备一定磁性。管道磁化后的磁性强弱与管道的铁磁性材料有关,钢质、铁质管道的磁性较强,铸铁管道的磁性较弱,非铁质管道则没有磁性。磁化的铁质管道成为一根磁性管道,由于铁的磁化率强而形成其自身的磁场,与周围物质的磁性差异很明显。通过地面观测铁质管道的磁场分布,即可发现铁质管道并推算出管道的埋深。

在磁探测法中使用的仪器一般统称为磁力仪。最早生产和广泛使用的是刃口式机械磁力仪,随后又生产出悬丝式机械磁力仪。随着科技的进步,磁测仪器由机械式向电子式转变,主要有磁通门磁力仪、质子磁力仪、光泵磁力仪和超导磁力仪等,当前使用较多的是质子磁力仪。

图6.1　质子磁力仪

（2）电探测法

电探测法分为直流电探测法和交流电探测法两种。

①直流电探测法:直流电探测法是利用两个电极向地下供直流电,电流从正极流出传入地下再返回到负极,从而在地下形成一个电流密度分布空间,也就是形成一个电场。当电场内存在金属管道时,由于金属管道是电的良导体,因此其对电流有"吸引"作用,造成电流密度的分布产生异常;若电场内存在非金属管道(如水泥、塑料管道),由于非金属管道导电性能极差,因此对电流有"排斥"作用,同样造成电流密度的分布产生异常。通过在地面布置的两个电极即可观测到这种异常,由此判断是否存在金属或非金属管线并确定其位置。

直流电探测法是以金属管线或非金属管线与其周围环境土壤存在导电性差异为前提条件的。常用的直流电探测法有:联合剖面法、对称四极剖面法、中间梯度剖面法、赤道偶极剖面法等。

②交流电探测法:交流电探测法是利用交变电磁场对导电性、导磁性或介电性的物体具有感应作用或辐射作用,从而产生二次电磁场,通过观测来发现被感应的物体或被辐射的物体。交流电探测法主要有电磁法和电磁波法两种。

a.电磁法:应用电磁法探测地下管线,是以地下管线与周围介质的导电性及导磁性差异为主要物性基础,根据电磁感应原理观测和研究电磁场空间与时间分布规律,以达到探查地下管线的目的。其前提必须满足以下两个条件:一是地下管线与周边介质之间有明显的电性差异,二是管线长度要远大于管线埋深。图6.2为电磁法工作原理示意图。

常用的方法有两种:一是主动源法,即利用人工方法把电磁信号施加于地下金属管线之上,包括直接充电法、电偶极感应法、磁偶极感应法、夹钳法及示踪法等;二是被动源法,即直接利用金属管线本身所带有的电磁场进行探测,有工频法和甚低频法。如图6.3所示为当前一种数字地下管线探测仪。

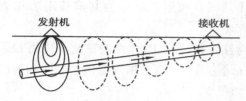 

图 6.2 电磁法工作原理示意图　　　　图 6.3 智能燃气 PE 管道定位仪

电磁法又分为频率域电磁法和时间域电磁法。频率域电磁法是利用多种频率的谐变电磁场,时间域电磁法是利用不同形式的周期性脉冲电磁场。由于这两种方法产生异常的原理均遵循电磁感应规律,故基础理论和工作方法基本相同。频率域电磁法因具有探查精度高、抗干扰能力强、应用范围广、工作方式灵活、成本低等优点而应用较为广泛。由于燃气属易燃易爆气体,故利用电磁法对燃气管道进行探查时禁止使用直接充电法。燃气管道多为金属管,且为焊接或螺丝对接,电连接性较好,宜采用感应法、夹钳法或被动源法进行探查。而对连接处加装绝缘接头的管道,电连接性差,一般可采用多种方法综合探查。

b.电磁波法:电磁波法(探地雷达法)的工作原理是利用高频电磁波以宽频带短脉冲形式,由地面通过发射天线被定向送入地下,经存在电性差异的地下地层或目标体界面上产生反射和绕射回波,接收天线接收到这种回波后,通过光缆将信号传输到控制台,经计算机处理后将雷达图像显示出来,最后通过对雷达波形的分析,利用公式确定地下管线的位置和埋深。电磁波在介质中传播时,其路径、电磁场强度、波形将随所通过介质的电磁特性和几何形态而变化,因此通过对接收信号的分析处理可以判断地下的结构或埋藏物等。探地雷达(图 6.4)能够很好地对金属管线、非金属管线进行快速、高效、无损的探查,实时展现地下雷达图像,并依此分析判断地下管网情况。

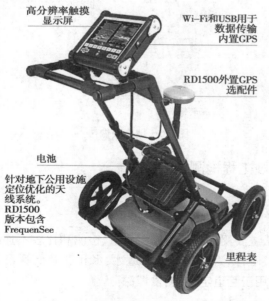

图 6.4 车载管线探地雷达

（3）弹性波法

弹性波法包括反射法、面波法及弹性波 CT 法等。反射波法分为共偏移距法和地震映像法。

①共偏移距法：地下管线与周围介质存在物性差异，激发的弹性波在地下传播时遇到这种物性差异界面时会发生反射。仪器接收并记录下反射波，再根据发射信号的同相轴的连续性及频率的变化来判断管线的空间位置。原理如图 6.5 所示。

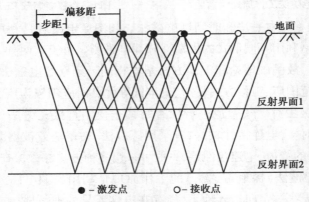

图 6.5　共偏移距法原理示意图

②地震映像法：弹性波在地下介质传播过程中，遇地下管线后产生反射、折射和绕射波，使弹性波的相位、振幅及频率等发生变化，在反射波时间剖面上出现畸变，从而确定地下管线的存在。其原理如图 6.6 所示。

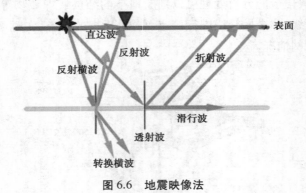

图 6.6　地震映像法

6.2.3　埋地管道防腐蚀工程检测

1）管中电流衰减法防腐层质量状况检测

管内交变电流衰减法主要用来评价防腐层质量、检测和比较不连续的防腐层异常。该技术不需和土壤直接电性接触，因为磁场可以穿透冰、水和混凝土等表层来采集管道防腐层的信息。另外，此法也可以用于管道定位、测量埋深。

（1）检测原理

对管道施加一定的电流后，电流由信号加入点（原点）向远方传递时会逐渐衰减（图6.7）。

衰减大小与防腐绝缘层的电阻有关。绝缘层电阻高,电流衰减就慢,反之则衰减快(图6.8)。电流随距离衰减的关系式为:

图6.7　PCM信号传播示意图

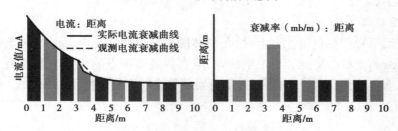

图6.8　检测结果(异常)示意图

$$I = I_0 e^{-\alpha x} \tag{6.1}$$

式中　I——测量点的电流,mA;

　　　I_0——信号供入点的电流,mA;

　　　α——衰减系数,它与管道的电特性参数 R(管道的纵向电阻,$\Omega \cdot m$),G(横向电导,$1/(\Omega \cdot m)$),C(管道与大地之间的分布电容,$\mu F/m$),L(管道的自感,mH/m)密切相关;

　　　x——测量点到原点的距离,m。

当管道的防腐层由同种材料构成,且各段的平均绝缘电阻率差别不大时,管道中电流的对数与管道与供电点的距离呈线性关系,其斜率大小取决于防腐层的绝缘电阻 R_g。单位距离的衰减率与距离绘制成的二维图形是一条平行于 x 轴的直线。电流变化率 Y 为:

$$Y = 8.686\alpha = \frac{I_{dB1} - I_{dB2}}{x_2 - x_1} \tag{6.2}$$

$$I_{dB} = 20 \lg I - K \tag{6.3}$$

式中　Y——电流变化率,dB/m;

　　　x_1, x_2——管道上方某两测量点距原点的距离,m;

　　　I_{dB}——测量点的电平值,dB;

　　　K——常数,dB。

防腐层绝缘电阻不同,电流衰减率也不同。根据各管段的电流衰减率,可以计算出防腐层绝缘电阻的大小。

(2)常用仪器及优缺点

管内交变电流衰减法的常用仪器有雷迪地下管线检测仪(RD400-PCM)、C扫描检测系统

(C-Scan)等。其功能包括检测防腐层绝缘性能及缺陷;探测管线走向、埋深;检测速度可达3~7 km/d;防腐层缺陷定位精度:±1 m。

管内交变电流衰减法可长间距快速探测整条管线的防腐层状况,能定性定量评估防腐层老化情况,也可缩短间距对破损点进行定位;它属于非接触地面测量,可在各类地表透过各种土壤进行检测,受地面环境影响小;其操作简便,检测速度快。但该方法不能指示阴极保护的效果,不能指示防腐层剥离,易受外界电流的干扰,且不能得出缺陷大小。

2) 皮尔逊(Pearson)检验法防腐层破损点检测

Pearson 法是一种确定埋地管线防腐层破损点方位的地面测量技术。在国内也将这种方法叫人体电容法。

(1)检测原理与方法

当一个交流信号加在金属管道上时,在防腐层破损点便会有电流泄漏入土壤中,这样在管道破损裸露点和土壤之间就会形成电位差,且在接近破损点的部位电位差最大,用仪器在埋设管道的地面上检测到这种电位异常,即可发现管道防腐层破损点(图6.9)。

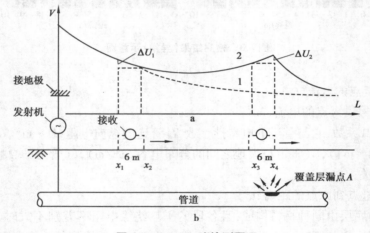

图 6.9 Pearson 法检测原理
1—防腐层完好时检漏信号曲线;2—防腐层 A 点有破损时检漏信号曲线

测量时,先将交变信号源连接到管道上,两位检测人员带上接收信号检测设备,两人牵一测试线,相隔6~8 m,在管道上方进行检测。如果沿管道走向连续移动两个电极,当它们位于 x_1,x_2 时,由于所对应的曲线 1 和曲线 2 的陡度很小,所以,极间电位差 ΔV_{12} 很小,当它们位于 x_3,x_4 点时,且 $x_1 x_2 = x_3 x_4$,若管道无破损,信号衰减如曲线 1 所示,其间的电位差亦很小,若在防腐层 A 点有了破损,信号衰减如曲线 2 所示,对应的电位差 ΔV_{34} 则很大,即 $\Delta V_{34} > \Delta V_{12}$,如果继续移动两个电极,当电极越过破损点 A 到达另一侧时,如上述原理一样,极间的电位差则逐渐减小,当 $x_3 A = A x_4$ 时,极间的电位差接近为零,此时测试线的中点即为防腐层的破损点。实际操作时,加在管道上的为800~1 000 Hz 的电流信号,功率一般为 10~20 W。

(2)常用仪器及优缺点

Pearson 法常用仪器有 SL-2088 系列防腐层破损点检漏仪,其功能为探测有阴极保护的防腐层破损点位置,检测速度可达 3~6 km/d,防腐层破损点缺陷定位精度为±0.5 m。

Pearson 法能判断外防腐层破损点的确切位置,相对速度快,不受阴极保护系统的影响;但不能指示管线阴极保护效果,不能指示防腐层剥离,需沿线步行检测,受土壤的性质及杂散电流干扰大。

3)直流地电位梯度法检测

直流电压梯度检测(DCVG)技术是目前世界上比较先进的埋地管道防腐层缺陷检测技术,是最准确的管道防腐层缺陷定位技术之一。

(1)检测原理与方法

当把一个直流信号施加到带防腐层的管道上,就能在管道的防腐层破损点裸露的管体和大地之间,由于土壤的电阻作用,建立起电压梯度,即土壤的电压降 ΔU。依据土壤的电压降占管道对地电压的百分比来计算防腐层缺陷的大小和破损点的严重程度,越靠近管道破损点电压的梯度越大,流失的电流也越大。一旦确定防腐层破损点位置,其尺寸和严重性可通过测量从破损点中心到远地的电位损失来估计。这个电位差占整个管线电位漂移的百分数(通断之间电位差,称为 IR 降)即 IR 值。将破损点尺寸大概分为 4 类。

第一类:1%~15%IR,这类破损点经常被认为不重要也不需要修补。

第二类:16%~35%IR,这类破损点如接近地床或其他重要结构,建议修补;否则可通过持续阴极保护得到充分保护。但当保护水平波动时,需要仔细监控,防止涂层进一步破坏。

第三类:36%~60%IR,这类破损点一般需要修补。它们可能是阴极保护电流的主要消耗者,同时还预示存在防腐层破坏。

第四类:61%~100%IR,这类破损点需立即修补。它们表示防腐层严重破坏,并被认为对管线安全构成威胁。

依据上述原理,一个探针始终靠近管线中心线,另一探针控制在与管道垂直或其前方 1~2 m 的地方,探针间连接一个高灵敏度毫伏表(中心零位)。当两个探针同时和地面接触时,对仪表读数,记录通电和断电电位变化的大小及方向。在接近防腐层破损点时,可观察到电压表信号显著偏转(指针偏转幅度增加),偏转速率和断续器通断过程同步。经过破损点后,指针反向偏转。所以沿管线方向移动测量时,如存在破损点,毫伏表指针先指向前方探针(近破损点探针),后又指向后方探针(同样是近破损点探针),检测示意图如图 6.10 所示。

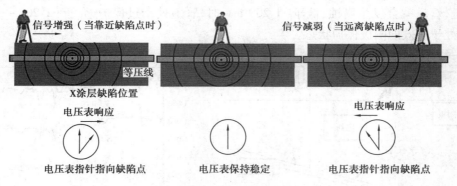

图 6.10　DCVG 检测示意图

粗检测后将探针间距调整为 300 mm,以提高定位精度。在破损点附近位置处会出现最大电压差。不同的电压差在仪器上呈现不同的形状,可从地表电场形状来推测得到缺陷的形状,如图 6.11 所示。

（a）管道顶部小缺陷　　　　（b）管道底部小缺陷　　　（c）大缺陷电场　　　（d）连续缺陷电场
　　电场分布　　　　　　　　　电场分布　　　　　　　　　分布　　　　　　　　　　分布

图 6.11　几种典型缺陷的地表电场形状

（2）常用仪器及优缺点

直流地电位梯度法常用仪器即为 DCVG 仪,其功能为探测有阴极保护的防腐层破损,检测速度可达 2～12 km/d（视管道防腐层破损程度而定）,缺陷定位精度为±0.5 m。

DCVG 法可计算缺陷大小,可通过%IR 提供防腐层判据,不受交流电干扰,不需拖拉电缆,受地貌影响小;可定位防腐层缺陷,定位偏差小,仅在 152 mm 左右;可确定管道是否腐蚀。其设备简单,测量快速;操作简单,需训练量少,准确度高。但 DCVG 法不能指示管线阴极保护效果和不能指示防腐层剥离,需沿线步行检测;受土壤的性质及杂散电流干扰大。DCVG 法适用于外加电流阴极保护系统,根据不同的现场条件,可从多角度评价管道外防腐层安全质量状况。

4）密间隔电位法（CIPS）检测

密间隔电位法测量法也称管-地电位梯度法,主要用于测量管道沿线阴极保护系统的有效性、运行状况以及受杂散电流干扰影响区,同时也能发现防腐层破损点所在位置并评价其严重程度,是评估阴极保护系统和管道保护水平的标准方法之一。

（1）检测原理

如图 6.12 所示,将一个参比电极放置于地面并与电压表相连,表的另一端与管道相连,读取管/地电位,沿管道以间隔 0.75～1.5 m 采集数据,绘制连续的开（阴极保护系统电源开时为 on）/关（阴极保护系统电源关闭时为 off）管地电位曲线图,反映管道全线阴极保护电位情况。当防腐层某处存在缺陷时,该处电流密度增大,使保护电位正向偏移,当这种偏移达到一定数量,在地表就可检测到,当电位高于-850 mV（CSE,相对于饱和 $Cu/CuSO_4$ 参比电极）时,保护电位不足,管道就会发生腐蚀;低于-1 200 mV 时,管道处于过保护;介于-1 200～-850 mV 时,管道处于有效的阴极保护状态。

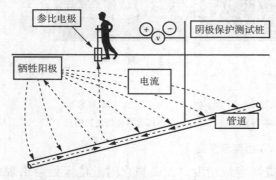

图 6.12　CIPS 检测示意图

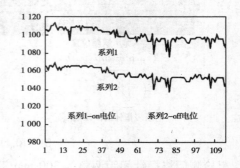

图 6.13　管地电位与距离对应的变化曲线

（2）常用仪器及优缺点

密间隔电位法法的常用仪器为 CIPS 仪，它由电流断续器、探测电极（饱和 $Cu/CuSO_4$ 电极）、测量主机、绕线分配器组成。对通/断电位测量，使用电流断续器，通 8 s/断 2 s 或者通 0.8 s/断 0.2 s。测量时，主机可同时将管/地电位两种值（V_{on}/V_{off}）和管道距离自动记录储存在仪器内。距离由绕线分配器通过一根细线取参比信号和测量距离。测量完毕后，可将测得的全部数据转储到计算机进行分析处理，就能得到管/地电位（V_{on}/V_{off}）与距离对应的两条变化曲线（图 6.13）。

可见，密间隔电位法主要用于测定 CP 系统的效果，间接反映防腐层状况，不能检出防腐层破损的准确位置，实际上是一种管/地电位检测技术并非防腐层缺陷检测技术。防腐层状况可通过电位分析获得，因此通常要与 DCVG 配合使用。该方法适用于长输管道，不适用于城市燃气管网。

CIPS 仪能连续完整地评价阴极保护系统的有效性和运行状况，也能评价防腐层的状况及缺陷点的受保护状况，其检测速度可达 3~6 km/d，缺陷定位精度为±0.5 m。

密间隔电位法法简单易行，可消除 *IR* 降误差，可找出缺陷的位置、尺寸，指示阴极保护效果，能指出缺陷的严重性，可计算机化自动取样。但它受人为技术影响较为严重，需步行沿管线检测，不能指示防腐层剥离，受干扰电流的影响，需拖拉电缆，使用范围受到限制。

6.2.4 管道内检测

管道内部检测是指检测仪器进入管道内部，从管道里穿过，沿途进行实时检测，记录测量结果，经处理后提供一整套数据用以描述管壁的状态。这种检测手段获得的数据准确，观察直观，对了解管道腐蚀状况、评估管道寿命以及确定抑制腐蚀计划等都具有重要意义，也是为监测和管理管道风险提供可靠信息的最重要的手段。管道中可以被检测到的缺陷可以分为 3 个主要类型及检测技术：

①几何形状异常（凹陷、椭圆变形、位移等）：测径器。

②金属损失（腐蚀、划伤等）：漏磁（MFL）技术、超声波检测器。

③裂纹（疲劳裂纹、应力腐蚀开裂等）：超声检测器、弹性波检测器和电磁声能检测器等。

一般情形下，管道内检测是指针对管道本体管壁完整性，即金属损失情况的检测。检测管壁金属损失的方法有漏磁检测法（MFL）和超声波检测法（UT）两种，其他的管道内检测方法为针对裂纹缺陷的检测。

1）漏磁检测

（1）漏磁检测的基本原理

漏磁检测通过在管壁上放置磁极，能使磁极之间的管壁上形成沿轴向的磁力线。无缺陷的管壁中磁力线没有受到干扰，产生均匀分布的磁力线；而管壁金属损失缺陷会导致磁力线产生变化，在磁饱和的管壁中，磁力线会从管壁中泄漏。传感器通过探测和测量漏磁量来判断泄漏地点和管壁腐蚀情况。漏磁信号的数量、形状常常用来表征管壁腐蚀区域的大小和形状。

（2）漏磁检测的特点

①用复杂的解释手段来进行分析；

②用大量的传感器区分内部缺陷和外部缺陷；

③测量的最大管壁厚度受磁饱和磁场要求的限制；

④信号受缺陷长宽比的影响很大，轴向的细长不规则缺陷不容易被检出；

⑤检测结果会受管道所使用钢材性能的影响；

⑥检测结果会受管壁应力的影响；

⑦设备的检测性能不受管壁中运输物质的影响，既适用于气体运输管道，也适用于液体运输管道；

⑧进行适当的清管（相对于超声波检测设备必须干净）；

⑨适用于检测直径大于等于 3 in(8 cm)的管道。

（3）可检测缺陷类型

①外部缺陷；

②内部缺陷；

③各种焊接缺陷；

④硬点；

⑤焊缝：环形焊缝、纵向焊缝、螺旋形焊缝、对接焊缝；

⑥冷加工缺陷；

⑦凹槽和变形；

⑧弯曲；

⑨三通法兰阀门、套管、支管；

⑩修复区；

⑪胀裂区域（与金属腐蚀相关）；

⑫管壁金属的加强区。

漏磁在线检测设备一般分为标准分辨率设备，高分辨率设备，超高分辨率设备。其中高分辨率设备适合于检测不规则管道，所需处理的数据量比较大，数据处理的过程复杂。

2) 超声波检测

（1）超声波检测原理

当在线检测设备在管道中运行时，超声波检测设备可以直接测量出管壁的厚度。其通过所带的传感器向垂直于管道表面的方向发送超声波信号，管壁内表面和外表面的超声反射信号也都被传感器所接收，通过它们的传播时间差以及超声波在管壁中的传播速度就可以确定管壁的厚度。

（2）超声波检测的特点

①采用直接线性测厚的方法结果准确可靠；

②可以区分管道内壁、外壁以及中部的缺陷；

③对多种缺陷的检测都比漏磁检测法敏感；

④可检测的厚度最大值没有要求，可以检测很厚的管壁；

⑤有最小检测厚度的限制，管壁厚度太小则不能测量；

⑥不受材料性能的影响；

⑦只能在均质液体中运行；

⑧超声波检测设备对管壁的清洁度比漏磁检测设备要求更高；

⑨检测结果准确,尤其是检测缺陷的深度和长度直接影响评价结果的准确性：

⑩设备的最小检测尺寸可达到 6 in(15 cm)。

（3）可检测的缺陷类型

①外部腐蚀；

②内部腐蚀；

③各种焊接缺陷；

④凹坑和变形；

⑤弯曲、压扁、翘曲；

⑥焊接附加件和套件(套件下的缺陷也可以发现)、法兰、阀门；

⑦夹层；

⑧裂纹；

⑨气孔；

⑩夹杂物；

⑪纵向沟槽；

⑫管道管壁厚度的变化。

3) 裂纹缺陷的检测

裂纹缺陷出现后会导致管道泄漏和破裂,对裂纹最可靠的在线检测方法是超声波检测,这是因为大多数裂纹缺陷都垂直于主应力成分,而超声波发送的方式使管道得到最大的超声响应。

（1）超声波液体耦合检测器

液体耦合装置让超声脉冲通过一种液体耦合介质(油、水等)调整超声脉冲的传播角度,可以在管壁中产生剪切波。在钢结构管道检测中,超声波入射角可以调整为45°的传播角,更适合于裂纹缺陷的检测。

①检测器特性：

a.只能用于液体环境；

b.气体管道在充填液体的情况下进行检测；

c.可以对管道的全管体进行检测；

d.可区分缺陷类型；

e.可区分内壁缺陷、外壁缺陷和管壁内部缺陷等；

f.可进行壁厚测量。

②可检测的缺陷类型：

a.纵向裂纹和类裂纹缺陷；

b.裂纹缺陷,包括应力腐蚀裂纹、疲劳裂纹和角裂纹；

c.类裂纹,包括缺口、凹槽、划痕、缺焊和纵向不规则焊接；

d.与几何尺寸相关的类型,如焊接和凹痕；

e.与安装有关的类型,如阀门、T 形零件和焊接补丁；

f.管壁中的缺陷类型,如夹杂和层叠。

（2）超声波轮形耦合检测器

这种装置使用液体填充盘作为传感器，产生剪切波以 65°的入射角进入管壁。

检测器特性：

a.在气体或者液体管道中运行；

b.能区分内部和外部缺陷；

c.目前不能用于直径小于 20 in（51 cm）的管道。

（3）电磁声学传感器装置

电磁声学传感器装置（EMAT）由放置在管道内表面的磁场中的线圈构成。交变电流通过线圈在管壁中产生感应电流，从而形成洛伦兹力（由磁场控制），产生超声波。传感器的类型和结构决定超声波的类型模式以及超声波在管壁中传播的特征。电磁声传感器在在线检测设备中的应用目前还处于研发阶段，电磁声传感器不需要耦合介质，可稳定地应用于气体输送管道。

（4）其他方法

环形漏磁检测装置也可用来进行管道沟槽、裂纹的检测。其特性是在气体和液体运输管道中运行，不能区分内壁和外壁缺陷，能检测管壁金属的腐蚀。

6.3　燃气设施安全检验

6.3.1　气密性压力试验

气密性试验应在强度试验合格、管线全线回填后进行。严密性试验介质宜采用空气，试验压力应满足下列要求：

①设计压力小于 5 kPa 时，试验压力应为 20 kPa。

②设计压力大于或等于 5 kPa 时，试验压力应为设计压力的 1.15 倍，且不得小于 0.1 MPa。

试压时的升压速度不宜过快。对设计压力大于 0.8 MPa 的管道试压，压力缓慢上升至 30%和 60%试验压力时，应分别停止升压，稳压 30 min，并检查系统有无异常情况，如无异常情况则继续升压。管内压力升至严密性试验压力后，待温度、压力稳定后开始记录。

严密性试验稳压的持续时间应为 24 h，每小时记录不应少于 1 次，当修正压力降小于 133 Pa 为合格。修正压力降应按下式确定：

$$\Delta P' = （H_1 + B_1） - （H_2 + B_2）\frac{273 + t_1}{273 + t_2} \tag{6.4}$$

式中　$\Delta P'$——修正压力降，Pa；

　　　$H_1，H_2$——实验开始和结束时的压力读数，Pa；

　　　$B_1，B_2$——实验开始和结束时的气压力读数，Pa；

　　　$t_1，t_2$——实验开始和结束时的管内介质温度，℃。

所有未参加严密性试验的设备、仪表、管件，应在严密性试验合格后进行复位，然后按设计压力对系统升压,应采用发泡剂检查设备、仪表、管件及其与管道的连接处,不漏为合格。

6.3.2 强度压力实验

强度试验应制定详细的方案,有可靠的通信系统和安全保障措施。埋地管道的强度试验应在管道回填到管顶 0.5 m 以上进行,但应留出焊接口,且在焊缝检验合格、管道吹扫合格之后进行。

燃气管道强度试验应分段进行,分段的最大长度宜按表 6.1 执行。

表 6.1 燃气管道强度试验的最大分段长度

设计压力 PN/MPa	试验管段最大长度/m
$PN \leqslant 0.4$	1 000
$0.4 < PN \leqslant 1.6$	5 000
$1.6 < PN \leqslant 4.0$	10 000

燃气管道强度试验的介质和试验压力应按表 6.2 执行。

表 6.2 燃气管道强度试验的介质和压力

管道类型	设计压力 PN/MPa	试验介质	试验压力/MPa
钢管	$PN > 0.8$	清洁水	$1.5PN$ 且 $\not< 0.4$
	$PN \leqslant 0.8$		$1.5PN$ 且 $\not< 0.4$
球墨铸铁管	PN	压缩空气	$1.5PN$ 且 $\not< 0.4$
钢骨架聚乙烯复合管	PN		$1.5PN$ 且 $\not< 0.4$
聚乙烯管	PN(SDR11)		$1.5PN$ 且 $\not< 0.4$
	PN(17.6)		$1.5PN$ 且 $\not< 0.4$

燃气高压储罐的强度试验介质通常采用清洁水,试验压力为储罐设计压力的 1.25 倍。

水压试验时,试验管段任何位置的管道环向应力不得大于管材标准屈服强度的 90%。架空管道采用水压试验前,应核算管道及其支撑结构的强度,必要时应临时加固。试压宜在环境温度 5 ℃以上进行,否则应采取防冻措施。进行强度试验时,压力应逐步缓升,首先升至试验压力的 50%进行初检,如无泄漏、异常,继续升压至试验压力,然后宜稳压 1 h 后,观察压力计不应少于 30 min,无压力降为合格。水压试验合格后,应及时将管道中的水放(抽)净,并进行吹扫。

7

燃气安全生产管理

燃气是城镇主要的能源之一,燃气供应系统是城镇的生命线工程。由于燃气是一种清洁、便捷、相对廉价的能源,自 21 世纪以来,我国燃气行业发展迅速,燃气管道里程不断增长。然而因燃气管道易损性和燃气易燃易爆性,燃气管理不完善,燃气用户不规范操作以及燃气供应及利用系统失效而导致的事故时有发生,重则致多人死亡和造成严重经济损失,轻则致人受伤。即使积极预防安全事故的发生,但城市燃气管网泄漏仍然既会造成资源损失,又会造成环境污染,还会使燃气经营企业蒙受经济和社会声誉的损失。当前燃气安全事故都存在技术上的客观原因,但几乎所有的事故都和燃气供应企业的安全管理不到位有关,因此从事燃气技术或管理的人员应当掌握燃气安全生产管理的基础知识。

7.1 燃气安全生产管理基本概念

1)安全生产管理的定义

安全生产管理是指针对人们在生产过程中的安全问题,通过运用有效资源,发挥人们的智慧和努力,进行有关决策、计划、组织和控制等活动,实现生产过程中人与机器设备、物料、环境的和谐,达到安全生产的目标。

安全生产管理的目标是减少和控制危害与事故,尽量避免生产过程中由于事故所造成的人身伤害、财产损失、环境污染等损失。安全生产管理包括安全生产法制管理、行政管理、监督检查、工艺技术管理、设备设施管理、作业环境和条件管理等。

安全生产管理的基本对象是企业员工,涉及企业中的所有人员、设备设施、物料、环境、财务、信息等方面。安全生产管理的内容包括:安全生产管理机构和安全生产管理人员、安全生产责任制、安全生产管理规章制度、安全生产策划、安全培训教育、安全生产档案等。

2）安全生产管理原则与原理

（1）系统原理

系统是由相互作用和相互依赖的若干部分组成的有机整体。任何管理对象都可以作为一个系统。系统可以分为若干个子系统，子系统可以分为若干个要素，即系统是由要素组成的。安全生产管理系统是生产管理的一个子系统，包括各级安全管理人员，安全防护设备与设施、安全管理规章制度、安全生产操作规范和规程以及安全生产管理信息等。

（2）人本原理

人本原理是在管理体制中必须把人的因素放在首位，体现以人为本的指导思想。以人为本有两层含义：一是一切管理活动都是以人为本展开的，人既是管理的主体，又是管理的客体，每个人都处在一定的管理层面上，离开人管理就失去其在安全生产中的价值及作用；二是管理活动中，作为管理对象的要素和管理系统各环节，都是需要人掌管、运作、推动和实施。

（3）预防原理

安全生产管理工作应该做到以预防为主，预防原理是指通过有效的管理和技术手段，减少和防止人的不安全行为和物的不安全状态。因此在可能发生人身伤害、设备或设施损坏和环境破坏的场合，事先采取措施，防止事故发生。

（4）强制原理

强制原理是指采取强制管理的手段控制人的意愿和行为，使个人的活动、行为等受到安全生产管理要求的约束，从而实现有效的安全生产管理。

3）我国安全生产方针

《安全生产法》在总结我国安全生产管理经验的基础上，将"安全第一、预防为主、综合治理"规定为我国安全生产工作的基本方针。

①"安全第一"，是指在生产经营活动中，在处理保证安全与生产经营活动的关系上，始终要把安全放在首位，优先考虑从业人员和其他人员的人身安全，实行"安全优先"的原则。在确保安全的前提下，努力实现生产的其他目标。

②"预防为主"，是指按照系统化、科学化的管理思想，同时按照事故的规律和特点，千方百计预防事故的发生，做到防患于未然，将事故消灭在萌芽阶段。

③"综合治理"，是指按照"安全发展"的理念，遵循和适应安全生产的规律，综合运用法律、经济、行政等手段，同时充分发挥社会各界监督作用，依靠责任、制度、培训等方面的完善，提高安全生产水平。

7.2　燃气经营企业安全生产管理

1）安全生产责任制

安全生产责任制是按照我国"安全第一、预防为主、综合治理"的安全生产方针和"管生产的同时必须管安全"的原则以及安全生产法规,将各级负责人员、各职能部门及其工作人员和各岗位生产人员在安全生产方面应做的事情和应负的责任加以明确规定的一种制度。

城镇燃气供应单位应建立、健全安全生产责任制度。安全生产责任制是生产经营单位岗位责任制和经济现行制度的重要组成部分,是燃气经营企业各项安全生产规章制度的核心,同时也是燃气经营企业最基本的一项安全管理制度。

建立安全生产责任制主要有两个目的:一方面是增强燃气经营企业各级负责人员、各职能部门及其工作人员和各岗位生产人员对安全生产的责任感;另一方面是明确燃气经营企业中各级负责人员、各职能部门及其工作人员和各岗位生产人员在安全生产中应履行的职责和应承担的责任,以充分调动各级人员和各部门在安全生产方面的积极性和主观能动性,确保安全生产。

2) 安全生产责任制的要求

建立一个完善的安全生产责任的总要求是:横向到边、纵向到底,并由燃气经营企业的主要负责人组织建立。

3) 安全生产责任制的主要内容

安全生产责任制的主要内容可分为两个方面:

一是纵向方面,即涉及企业安全生产的各级人员的安全生产职责。企业在建立安全生产责任制时,将涉及安全生产的人员按职责分成不同的层级,并明确各层级人员在安全生产中应承担的职责。

二是横向方面,即按照本单位职能部门设置(如安全、设备、技术、生产、基建、人事、财务、设计、档案、培训、宣传等部门),并对其在燃气安全生产中的职责做出明确详细的规定。

燃气经营企业在建立安全生产责任制时,根据安全生产责任制的纵向内容,至少需要包括以下工作人员部署。

(1) 燃气经营企业主要负责人

燃气经营企业的主要负责人作为该单位安全生产的第一责任人,对单位的安全生产工作全面负责。燃气经营企业的主要负责人承担的安全生产职责包括:建立健全并落实本单位全员安全生产责任制,加强安全生产标准化建设;组织制定并实施本单位安全生产教育和培训计划;保证本单位安全生产投入的有效实施;组织建立并落实安全风险分级管控和隐患排查治理双重预防工作机制,督促、检查本单位的安全生产工作,及时消除生产安全事故隐患;组织制定并实施本单位的生产安全事故应急救援预案;及时、如实报告生产安全事故。

(2) 燃气经营企业其他负责人

燃气经营企业其他负责人的职责是积极协助主要负责人有效进行安全生产工作。不同的负责人分管的工作不同,应根据其具体分管的工作,对其在安全生产方面应承担的具体职责做出规定。

(3) 燃气经营企业各职能部门负责人及其工作人员

各职能部门都会涉及安全生产职责,需根据各部门职责分工做出具体规定。各职能部门负责人的职责是按照本部门的安全生产职责,组织有关人员做好本部门安全生产责任制的落实,并对本部门职责范围内的安全生产工作负责;各职能部门的工作人员则是在本人职责范围内做好有关安全生产工作,并对自己职责范围内的安全生产工作负责。

①班组长是做好燃气经营企业安全生产工作的关键。班组长全面负责本班组的安全生产工作,是安全生产法律、法规和规章制度的直接执行者。班组长的主要职责是贯彻本单位对安全生产的规定和要求,督促本班组的工人遵守有关安全生产规章制度和安全操作规程,切实做到不违章指挥,不违章作业,遵守劳动纪律。

②岗位工人对本岗位的安全生产负直接责任。岗位工人的主要职责是要接受安全生产教育和培训,遵守有关安全生产规章和安全操作规程,遵守劳动纪律,不违章作业。特种作业人员必须接受专门的培训,经考试合格取得操作资格证书的,方可上岗作业。

4)安全生产管理组织保障

生产经营单位的安全生产管理必须有组织上的保障。组织保障主要包括两部分:一是安全生产管理机构的保障;二是安全生产管理人员的保障。

安全生产管理机构是指生产经营单位专门负责安全生产监督管理的内设机构。安全生产管理人员是指在生产经营单位从事安全生产管理工作的专职或兼职人员。

《安全生产法》对生产经营单位安全生产管理机构的设置和安全生产管理人员的配备原则作出了明确规定:矿山、建筑施工单位和危险物品的生产、经营、储存单位,应当设置安全生产管理机构或配备专职安全生产管理人员。前款规定以外的其他生产经营单位,从业人员超过100人的,应当设置安全生产管理机构或者配备专职安全生产管理人员。从业人员在100人以下的,应当配备专职或兼职的安全生产管理人员,或者委托具有国家规定的相关专业技术资格的工程技术人员提供安全生产管理服务。根据此规定,凡是生产、经营、储存压缩天然气(CNG)、液化天然气(LNG)、液化石油气(LPG)、人工煤气等危险物品的单位应设置安全生产管理机构或配备专职安全生产管理人员。生产、经营、储存管道天然气的单位一般也应设置安全生产管理机构并配备专职安全生产管理人员。

城镇燃气供应单位应设立运行、维护和抢修的管理部门,并应配备专职安全管理人员;应设置并向社会公布24 h报修电话,抢修人员应24 h值班。

5)安全生产投入,安全技术措施及安全教育培训

(1)安全生产投入的基本要求

生产经营单位应设置安全生产条件所必需的资金投入,并由生产经营单位的决策机构、主要负责人或者个人经营的投资人予以保证。而经营单位安全生产费用应按照规定提取和使用,专门用于改善安全生产条件。安全生产投入的资金主要用于改善安全设施,进行安全教育培训,从业保险,更新安全技术装备、器材、仪器、仪表以及其他安全生产设备设施,以保证生产经营单位达到法律、法规、标准规定的安全生产条件,并对由于安全生产所必需的资金投入不足导致的后果承担责任。

安全生产投入主要用于以下方面:

①建设安全和卫生技术措施工程,如防火防爆工程。

②增设和更新安全设备、器材、装备、仪器、仪表等以及这些安全设备的日常维护。

③安全生产课题的研究。

④按照国家标准为职工配备劳动保护用品和措施。

⑤职工的安全生产宣传、教育和培训。

⑥其他有关预防事故发生的安全技术措施费用,如用于制定及落实生产事故应急救援预案等。

（2）建设项目安全措施

《安全生产法》规定生产经营单位新建、改建、扩建工程项目（以下统称"建设项目"）的安全设施,必须与主体工程同时设计、同时施工、同时投入生产和使用。安全设施投资应当纳入建设项目概算。以保证建设项目竣工投入生产以后,能够达到国家规定的劳动安全生产标准,提高劳动者在安全生产中的安全与健康的保障水平。

（3）安全技术措施

安全技术措施是指运用工程技术手段消除对物的不安全因素,实现生产工艺和机械设备等技术条件本质安全的措施。按照导致事故的原因可分为防止事故发生和减少事故损失的安全技术措施。

防止事故发生的安全技术措施是指为了防止事故发生,采取约束、限制能源或危险物质,防止其意外释放的技术措施,常用的防止事故发生的安全技术措施有消除危险源、限制能源或危险物质、隔离等。

减少事故损失的安全技术措施是指防止意外释放的能量引起人的伤害或物的损坏,或减轻其对人的伤害或对物的破坏程度的技术措施。常用的减少事故损失的安全技术措施有隔离,个体防护,避难与救援等。

防止事故发生和减少事故损失的安全技术措施实施顺序有别,前者一般在事故发生前实施,侧重于尽可能地防止事故发生;后者则是在事故发生后迅速实施,控制事故局面,防止事故的扩大,避免二次事故发生,以减少或将人员伤亡和物的损失降到最低。

（4）安全生产教育培训

安全生产教育是指对本单位职工进行防止和消除生产过程中人身、设备事故及职业危害,实现企业安全生产的教育活动。根据《安全生产法》规定,燃气生产经营单位应当对从业人员进行安全生产教育和培训,确保从业人员具备必要的安全生产知识,熟悉有关的安全生产规章制度和安全操作规程,掌握本岗位的安全操作技能,了解事故应急处理措施,知悉自身在安全生产方面的权利和义务。未经安全生产教育和培训合格的从业人员,不得上岗作业。燃气生产企业的有效的安全教育培训,一方面增强了本单位从业人员的安全生产责任感和自觉性,提高了单位各级人员的从业及安全技术水平,另一方面为防止或减少燃气安全事故发生提供了保障,进而降低了燃气事故的发生对人们人生命财产安全及社会物力带来的危害。

根据《安全生产法》规定,对以下从业人员必须进行安全教育培训:

①城镇燃气设施运行、维护和抢修及专职安全管理人员必须经过专业技术培训。

②燃气生产经营单位使用被派遣劳动者的,必须对被派遣劳动者进行岗位安全操作规程和安全操作技能的教育和培训。

③燃气生产经营单位采用新工艺、新技术、新材料或者使用新设备,必须了解、掌握其安全技术特性,采取有效的安全防护措施,并对从业人员进行专门的安全生产教育和培训。

④燃气生产经营单位的特种作业人员必须按照国家有关规定经专门的安全作业培训,取得相应资格,方可上岗作业。

此外,燃气生产经营单位应当建立安全生产教育和培训档案,如实记录安全生产教育和培训的时间、内容、参加人员以及考核结果等情况。

安全教育的方式有宣传画、电影和幻灯、报告、讲课和座谈,安全竞赛及安全活动等。

（5）安全生产检查

安全生产检查是指对生产过程及安全管理中可能存在的隐患、有害与危险因素、缺陷等进行的查证。其意义是确定隐患或有害与危险因素、缺陷的存在状态,以及它们转化为事故的条件,以便制定整改措施,消除隐患和危险有害因素,确保生产的安全。燃气生产经营单位的安全生产管理人员应当根据本单位的生产经营特点,对安全生产状况进行经常性检查;对检查中发现的安全问题,应当立即处理;不能处理的,应当及时报告本单位有关负责人,有关负责人应当及时处理。检查及处理情况应当如实记录在案。

此外,《安全生产法》规定两个以上生产经营单位在同一作业区域内进行生产经营活动,可能危及对方生产安全的,应当签订安全生产管理协议,明确各自的安全生产管理职责和应当采取的安全措施,并指定专职安全生产管理人员进行安全检查与协调。

（6）燃气经营企业安全生产检查类型

日常安全检查指燃气生产经营单位,各科室按周期进行的综合安全检查。其安全检查周期为公司每季度组织一次,所（厂）每月进行一次,工作队（站）、班组每两星期进行一次。日常安全检查可以检验单位整体安全生产水平,可以较好地反映当前安全生产状态和各项规章制度,从业标准等的健全落实情况。

专项安全检查指燃气经营公司、各单位、各科室根据不同时期的特点要求进行的单项安全检查。其主要包括每年六月进行的夏季"六防"（防汛、防触电、防雷击、防暑降温、防火等）安全检查;十一月进行的冬季"六防"（防火、防冻、防煤气中毒等）安全检查。

重大政治活动、主要节假日安全检查指燃气公司和各单位在每年元旦节、春节、五一国际劳动节、十一国庆节等节假日,以及两会等重大活动之前和期间进行的安全检查。

综合性安全生产检查一般是由主管部门对下属各企业或生产单位进行的全面综合性检查,必要时可组织进行系统的安全性评价。

职工代表不定期对安全生产的巡查,由企业或车间工会负责组织有专业技术特长的职工代表进行安全生产的巡视和检查。重点检查国家安全生产方针、法规的贯彻执行情况;查工人安全生产权利的保障情况;查事故原因、隐患整改情况;查责任者的处理情况等。

（7）安全检查方法

①常规检查:一般由安全管理人员作为检查工作的主体,到作业场所的现场,通过感观或辅助一定的简单工具、仪表等,对作业人员的行为、作业场所的环境条件、生产设备设施等进行的定性检查,是一种常见的检查方法。

常规检查完全依靠安全检查人员的经验和能力,检查的结果直接受安全检查人员个人素质的影响。因此,对安全检查人员个人素质的要求较高。

②安全检查表法:是指事先把系统加以剖析,列出各层次的不安全因素,确定检查项目,并把检查项目按系统的组成顺序编制成表,以便进行检查或评审,这种表就叫作安全检查表

(Safety Check List,SCL)。安全检查表是进行安全检查,发现和查明各种危险和隐患,监督各项安全规章制度的实施,及时发现事故隐患并制止违章行为的一个有力工具。

通常为了将各安全管理人员主观行为对检查结果的影响降到最低,常采用安全检查表法。安全检查表应列举需查明的所有可能会导致事故的不安全因素。每个检查表均需注明检查时间、检查者、直接负责人等,以便分清责任。安全检查表的设计应做到系统、全面,检查项目应明确。

编制安全检查表的主要依据有:有关标准、规程、规范及规定;国内外事故案例及本单位在安全管理及生产中的有关经验;通过系统分析确定的危险部位及防范措施;新知识、新成果、新方法、新技术、新法规和新标准等。

③仪器检查法:埋地燃气管道的缺陷以及一些燃气设备的内部缺陷的真实信息或定量数据,只能通过仪器检查法来进行定时化的检验与测量,才能发现安全隐患,从而为后续整改提供信息。因此,必要时需要实施仪器检查,如利用防腐层的质量检测系统来检查埋地钢质管道的防腐层破损点及整体质量,采用管道内检测装置检查管道腐蚀缺陷与裂纹等。

(8)劳动防护用品管理

《安全生产法》规定生产经营单位必须为从业人员提供符合国家标准或者行业标准的劳动防护用品,并监督、教育从业人员按照使用规则佩戴、使用。

劳动防护用品是指劳动者在生产活动中为了避免或减轻事故伤害及职业危害所配备的防护装备。使用劳动防护用品,能起到保护身体局部或全身免受外来伤害的作用,是保障安全生产的重要基础。劳动防护用基本可分为一般劳动防护用品和特种劳动防护用品。

一般劳动防护用品是指无须国家认定的,可由企业自行发放给从业人员的安全生产时需用的防护装备,如一般的工作服、手套等。

特种劳动防护用品是指国家认定的,并且在易发生伤害或职业危害的场所从业人员穿戴或需用到的防护用品,主要包括头部护具类、呼吸护具类、眼(面)护具类、防护服类等。

劳动防护用品按防护部位分为如下9类:

①头部防护用品:为防御头部不受外来物体打击和其他因素危害配备的个人防护装备,如一般防护帽、防尘帽、防水帽、安全帽、防寒帽、防静电帽、防高温帽、防电磁辐射帽、防昆虫帽等。

②呼吸防护用品:为防御有害气体、蒸气、粉尘、烟或雾等由呼吸道吸入,或直接向使用者供氧或清洁空气,保证尘、毒污染或缺氧环境中作业人员正常呼吸的防护用具,如防尘口罩(面具)、防毒口罩(面具)等。

③眼面部防护用品:为预防烟雾、尘粒、金属火花和飞屑、热、电磁辐射、激光、化学飞溅等伤害眼睛或面部的防护用品,如焊接护目镜和面罩、炉窑护目镜及防冲击眼护具等。

④听力防护用品:能够防止过量的声能侵入外耳道,使人耳避免噪声的过度刺激,减少听力损失,预防由噪声对人身引起的不良影响的个体防护用品,如耳塞、耳罩、防噪声头盔等。

⑤手部防护用品:保护手和手臂,供作业者劳动时戴用的手套(劳动防护手套),如一般防护手套、防水手套、防寒手套、防静电手套、防高温手套、防X射线手套、耐酸碱手套、防油手套、防振手套、防切割手套、绝缘手套等。

⑥足部防护用品:防止生产过程中有害物质和能量损伤劳动者足部的护具,通常人们称

其为劳动防护鞋,如防尘鞋、防水鞋、防寒鞋、防静电鞋、防高温鞋、耐酸碱鞋、防油鞋、防烫脚鞋、防滑鞋、防刺穿鞋、电绝缘鞋、防振鞋等。

⑦躯干防护用品:即通常讲的防护服,如一般的防护服、防水服、防寒服、防砸背心、防毒服、防燃服、防静电服、防高温服、防电磁辐射服、耐酸碱服、防油服、水上救生衣、防昆虫服、防风沙服等。

⑧护肤用品:指用于防止皮肤(主要是面、手等外露部分)免受化学、物理等因素危害的用品,如防毒、防腐、防射线、防油漆的护肤品等。

⑨防坠落用品:指防止高处作业人员意外坠楼的安全绳带或为接住不慎坠落人员的防护装备,包括安全带和安全网。

7.3 燃气设施重大危险源管理

1)重大危险源辨识与监控

"重大危险源"是指长期地或者临时地生产、搬运、使用或者储存危险物品,且危险物品的数量等于或者超过临界量的单元。单元指一个(套)生产装置、设施或场所,或同属一个工厂的且边缘距离小于500m的几个(套)生产装置、设施或场所。同时重大危险源可分为两类:一是生产单元重大危险源;二是储存单元重大危险源。因此,城镇的许多燃气站场都属于重大危险源,例如CNG加气站、LNG液化工厂和气化站、燃气储配站、LPG储配站和罐瓶站等。

重大危险源辨识是指识别危险源并确定其特性的过程,是建立应急救援体系的基础,因此在进行危险辨识的过程中,从业人员应当坚持"横向到边、纵向到底、不留死角"的原则。

《安全生产法》规定生产经营单位对重大危险源应当登记建档,进行定期检测、评估、监控,并制定应急预案,告知从业人员和相关人员在紧急情况下应当采取的应急措施。因此燃气经营单位根据自身实际需要应当对以下的重大危险源申报登记:

①储罐区(储罐);
②库区(库);
③生产场所;
④压力管道;
⑤锅炉房;
⑥压力容器;
⑦煤矿(井下开采);
⑧金属非金属地下矿山;
⑨尾矿库。

因而,燃气储配站、高中压燃气管道都属于重大危险源申报登记的范围。

2)燃气事故应急救援

燃气供应系统作为城镇的生命线工程,与社会公共安全稳定息息相关,根据《安全生产法》,燃气经营单位应当建立事故应急救援组织。

燃气应急救援是指针对突发的造成或可能造成人员伤亡、燃气设备设施损坏、燃气管网大面积停气、环境破坏等危及燃气经营企业、社会公共安全稳定的紧急事件采取的应急处置措施。同时燃气应急救援行动致力于完成以下目标:对燃气紧急事件做出预警;预防紧急事件的发生和控制其进一步扩大;及时开展有效救援;减少各项损失和迅速组织恢复社会正常生产活动秩序。由于紧急事件具有突发性和偶然性,因此采取的应急救援行动涉及多方面的考虑。为了使整个应急救援行动具有系统性、有效性,进而把紧急事件的危害降到最低,需要对紧急事件的全过程进行管理,即应急救援管理。

3) 事故应急救援管理的过程

应急救援管理是为了预防、控制和消除紧急事件,减少其对人员伤害、社会财产损失和降低环境破坏程度而进行的计划、组织、指挥、协调和控制的活动。由于应急管理贯穿事故发生的前、中、后各个时期,是一个动态的过程,其实施包括 4 个阶段,分别为预防、准备、响应和恢复。

(1)预防

预防是有效的应急救援管理的核心。在应急管理中预防有两层含义:一是事故的预防工作,即通过安全管理和安全技术等手段进行危险源辨识和风险评价,尽可能地防止事故的发生,实现本质安全;二是在假定事故必然发生的前提下,通过预先采取的预防措施降低或减缓事故的影响或后果的严重程度,如加大建筑物的安全距离、工厂选址的安全规划、减少危险物品的存量、设置防护墙以及开展公众教育等。从长远看,低成本、高效率的预防措施是减少事故损失的关键。

(2)准备

应急准备是应急救援管理过程中一个极其关键的部分。它是针对可能发生的事故,为迅速有效地开展应急行动而预先所做的各种准备,包括应急体系的建立,有关部门和人员负责的落实、预案的编制、应急队伍的建设、应急设备(施)与物资的准备和维护、预案的演练、与外部应急力量的衔接等,其目标是保持重大事故应急救援所需的应急能力。

(3)响应

应急响应是在事故发生后立即采取的应急与救援行动,包括事故的报警与通报、人员的紧急疏散、急救与医疗、消防与工程抢险措施、信息收集与应急决策和外部救援等。其目标是尽可能地抢救受害人员,保护可能受威胁的人群,尽可能控制并消除事故。

(4)恢复

恢复工作应在事故发生后立即进行。首先应使事故影响区域恢复到相对安全的基本状态,然后逐步恢复到正常状态。要求立即进行的恢复工作包括事故损失评估、原因调查、清理废墟等。在短期恢复工作中,应注意避免出现新的紧急情况。长期恢复包括厂区重建和受影响区域的重新规划和发展。

4) 事故应急救援体系的管理

一个完整的应急体系应由组织体制、运作机制、法制基础和保障系统 4 部分构成,如图7.1 所示。

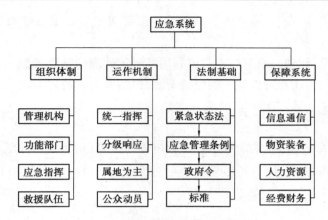

图 7.1 应急救援体系基本框架结构

（1）组织体制

应急救援体系组织体制建设中的管理机构是指维持应急日常管理的负责部门；功能部门包括与应急有关的各类组织机构，如消防、医疗机构等；应急指挥是在应急预案启动后负责应急救援活动的场外与场内指挥系统；而应急队伍则由专业和志愿人员组成。

（2）运作机制

应急救援活动一般划分为应急准备、初级反应、扩大应急和应急恢复 4 个阶段。

（3）法制基础

法治基础是应急体系的基础和保障，是开展各项应急活动的依据。与应急有关的法规可分为 4 个层次：由立法机关通过的法律，如紧急状态法、公民知情权法和紧急动员法等；由政府颁布的规章，如应急救援管理条例等；包括预案在内的以政府令形式颁布的政府法令、规定等；与应急救援活动直接有关的标准或管理办法等。

（4）保障系统

列于应急保障系统第一位的是应急与通信系统，机构集中管理的信息通信平台是应急体系最重要的基础建设。应急与通信系统要保证所有预警、报警、警报、报告、指挥等活动的信息交流快速、顺畅、准确，以及信息资源共享；物资与装备不但要保证有足够的资源，而且还要实现快速、及时供应到位；人力资源保障包括专业队伍的加强、志愿人员以及其他有关人员的培训教育；应急财务保障应建立专项应急科目，如应急基金等，以保障应急管理运行和应急反应中各项活动的开支。

5）事故应急救援体系响应机制

重大事故应急救援体系应根据事故的性质、严重程度、事态发展趋势和控制能力实行分级响应机制，对不同的响应级别，相应地明确事故的通报范围、应急中心的启动程度、应急力量的出动和设备、物资的调集规模、疏散的范围和应急指挥的职位等。典型的响应级别通常分为 3 级。

①一级紧急情况：必须利用所有有关部门及一切资源的紧急情况，或者需要各个部门同外部机构联合处理的各种紧急情况，通常要宣布进入紧急状态。

②二级紧急情况：需要两个或多个部门响应的紧急情况。该事故的救援需要有关部门的

协作,并且提供人员、设备或其他资源。该级响应需要成立现场指挥部来统一指挥现场的应急救援行动。

③三级紧急情况:能被一个部门正常可利用的资源处理的紧急情况。正常可利用的资源指在该部门权力范围内通常可以利用的应急资源,包括人力和物力等。

6) 应急响应程序

事故应急救援系统的应急响应程序按过程可分为接警、响应级别确定、应急启动、救援行动、应急恢复和应急结束等几个过程,如图 7.2 所示。

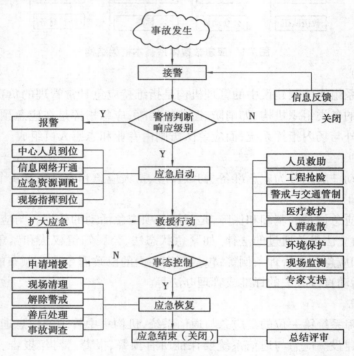

图 7.2　事故应急救援系统的应急响应程序

7) 城镇燃气设施抢修应急预案的编制要求

应急救援预案是应急管理的文本体现,城镇燃气设施抢修应制订应急预案,并应根据具体情况对应急预案及时进行调整和修订。应急预案应报有关部门备案,并定期进行演习,每年不得少于 1 次。

应急预案基本内容需要满足以下要求:

①符合应急相关的法律、法规、规章和技术标准的要求。

②与事故风险分析与应急能力相适应。

③工作人员职责分工明确,责任落实到位。

④与相关企业和政府部门的应急预案有机衔接。

应急预案的主要内容包括:

①基本情况。

②危险目标及其危险特性、对周围的影响。

③危险目标周围可利用的安全、消防、个体防护的设备、器材及其分布。

④应急救援组织机构、组织人员和职责划分。

⑤报警、通信联络方式。

⑥事故发生后应采取的处理措施。

⑦人员紧急疏散、撤离。

⑧危险区的隔离。

⑨检测、抢险、救援及控制措施。

⑩受伤人员现场救护、救治与医院救治。

⑪现场保护。

⑫应急救援保障。

⑬预案分级响应条件。

⑭事故应急预案终止程序。

⑮应急培训和应急救援预案演练计划。

城镇燃气供应单位应根据供应规模设立抢修机构,应配备必要的抢修车辆、抢修设备、抢修器材、通信设备、防护用具、消防器材、检测仪器等装备,并保证设备处于良好状态。接到抢修报警后应迅速出动,并根据事故情况联系有关部门协作抢修。抢修作业应统一指挥,严明纪律,并采取安全措施。

8)应急预案的演练

应急预案的演练是检验、评价和保持应急能力的一个重要手段,其重要作用突出体现在:可在事故真正发生前暴露预案和程序的缺陷,发现应急资源的不足(包括人力和设备等),改善各应急部门、机构、人员之间的协调,增强公众应对突发重大事故的救援信心和应急意识,提高应急人员的熟练程度和技术水平,进一步明确各自的岗位与职责,提高各级预案之间的协调性,提高整体应急反应能力。

应急预案的演练可分为综合应急演练和专项演练两类。前者是由多个单位、部门参与的针对燃气突发事件应急预案或多个专项燃气应急预案开展的应急演练活动,其目的是检验单位各部门功能和其应急能力,还着重检验各部门及工作人员应急协调和联动机制。后者是在一个部门或单位内针对某个特定的应急环节、应急措施和功能进行检验而进行的应急演练活动。可采用不同规模的应急演练形式对应急预案的完整性和周密性进行评估,如桌面演练、功能演练和全面演练等,应急演练的参与人员包括参演人员、控制人员、模拟人员、评价人员和观摩人员。

①桌面演练:由应急组织的代表或关键岗位人员参加的,按照应急预案及其标准工作程序,讨论紧急情况时应采取行动的演练活动。

②功能演练:针对某项应急响应功能或其中某些应急响应行动举行的演练活动,主要目的是针对应急响应功能,检验应急人员以及应急体系的策划和响应能力。

③全面演练:针对应急预案中全部或大部分应急响应功能,检验、评价应急组织应急运行能力的演练活动。

8

燃气设施风险评价与完整性管理

8.1 燃气设施风险评价过程

8.1.1 风险概述

1)风险的定义

风险与"危险""可能性""机会"等有着共同的意义,它包含与达到安全状态相违背的任何事物,是对某种事业预期后果估计中的较为不利的一面。比较严格的风险定义为:风险是危害事件发生的概率和危害事件所产生的后果的乘积,即危害事件后果的数学期望。

$$R = PC \tag{8.1}$$

式中　R——风险;

　　　P——危害事件发生的概率;

　　　C——危害事件所产生的后果。

即风险的大小与事故概率和事故后果这两个方面因素有关。例如,位于市区人口密集地带放有 1 个球罐的储气站给人们带来的风险,可能比位于郊区人口稀少地带的放置同等状况的 6 个球罐的储气站的风险还要大,这是因为 1 个球罐发生事故的概率虽然小于同样状况的 6 个球罐,但前者的事故后果就比后者要大得多。

2)风险评价与风险管理

风险评价是指识别系统的危害因素,分析危害事件发生的概率及后果程度,计算出风险值并评价该风险值是否在可接受的范围内的过程。风险评价应回答以下方面的问题:

①可能会出现哪些有害事件。

②危害事件发生的可能性有多大。

③危害事件的后果是什么。

④事故的风险是否在可接受的范围之内。

风险评价的一般流程如图 8.1 所示。

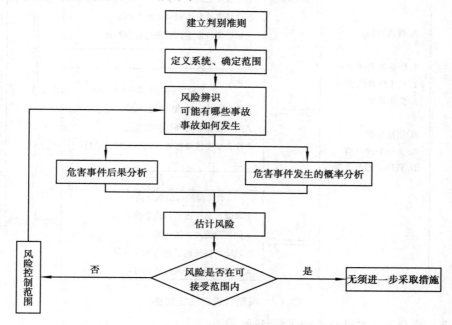

图 8.1 风险评价流程图

风险评价最早出现在 20 世纪 30 年代的第二次世界大战时期,最初应用于核工业。后来,风险评价逐渐由定性评价转为定量评价,并开始应用于多种行业。1980 年,美国风险分析协会(The Society for Risk Analysis, SRA)成立是风险评价历史上的一个里程碑,从那时起,各行各业的人们开始思考所从事行业的灾害风险评价。

风险管理包括风险评价、风险控制、决策支持、效果监控和信息反馈,其流程如图 8.2 所示。

3)风险评价的范围

在进行燃气系统的风险评价时,首先应确定评价的范围,不仅包括物理范围,也应包括时间范围。燃气系统在设计、施工建设、投产、运行、置换、维修、废弃过程中均存在风险,燃气系统的技术风险评价的范围通常有以下 5 个方面。

(1)新建、扩建、改建项目及新技术、新设备、新材料的风险预评价

在新建、扩建、改建的燃气管道、站场项目在可行性研究阶段,应采用科学的定性和定量风险评价方法对项目的风险进行分析和评价,识别出潜在的危害因素,并提出预防措施。在初步设计阶段,应考虑这些危害因素和预防措施,使得系统的风险在项目设计阶段得到削减或控制。

当在燃气项目中使用新技术、新工艺和新材料时,也应当在投产前预先辨识、评价其潜在的风险并提出预防措施。

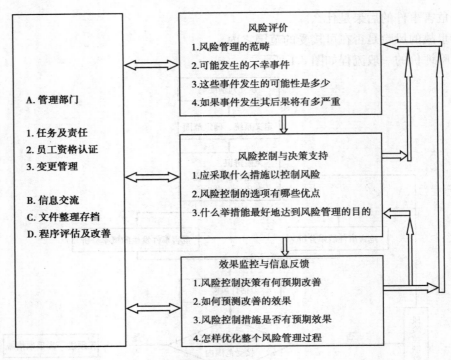

图 8.2　风险管理过程流程图

（2）燃气项目施工建设作业的风险评价

燃气管道工程施工建设过程中沟槽的坍塌、管道搬运作业、施焊作业、管道试压、高压乙炔瓶、氧气瓶等的使用均给施工人员带来安全风险，由于作业人员的操作失误或环境及设备的突然恶化等原因经常导致事故发生，因此在施工作业前应作详细的风险评价。

（3）管道及设备的抢险抢修、置换作业的风险评价

管道及设备抢险抢修的风险主要来自泄漏燃气发生燃烧、爆炸，从而对作业人员造成危害的可能性，以及作业人员中毒或窒息的可能性。置换过程的风险主要来自管道或设备内的燃气浓度达到爆炸极限并发生爆炸的可能性。因此，在进行这些作业之前，也应对作业过程中可能出现的危害因素及后果程度做详细分析。

（4）在役管道、装置设备、站场的风险评价

由于城市化的不断推进，城市能源需求的不断增加，城市燃气系统的建设也迅猛发展。目前，在大部分大中城市，在役燃气管道及其附属设备几乎已经遍布于城市的每一条街道及每一座建筑物之中，一些燃气站场也由于城市的扩张而逐渐位于城市中央，随着燃气管道、设备及装置服役时间的不断延长，它们难免会由于各类原因出现一些失效事故，从而给广大城市居民和公众带来威胁。每年在国内外都有许多的燃气事故发生，这些事故往往造成重大人员伤亡和财产损失。因此，对在役燃气管道、设备、装置及站场的风险评价是燃气系统风险评价的主要内容。

（5）管道、装置设备废弃的风险评价

燃气管道、装置及设备废弃时，如果处理不善，其内部残留的燃气仍然可能会带来危害。

8.1.2 风险辨识

1) 储运介质危险有害因素

城市燃气主要有 3 种,即天然气、液化石油气和人工燃气。天然气的主要成分是 CH_4,还含有少量的 C_2H_6、C_3H_8、C_4H_{10}、CO_2、O_2、N_2、H_2S 等。液化石油气的主要成分是 C_3H_8 和 C_4H_{10}。人工燃气分为干馏煤气、气化煤气、油制气、高炉煤气等,它们的成分比例各有不同,但主要成分都为 CH_4、CO、H_2、CO_2、N_2 等。这些气体(除 N_2 外)几乎都是危险化学品。各燃气成分的危险性质应考虑以下 7 个方面:

①易燃性;

②易爆性;

③毒性;

④热膨胀性;

⑤液态燃气气化性;

⑥易扩散性;

⑦静电荷集聚性。

2) 燃气储运工艺及管道设备设施有害因素

燃气的储运通常有管道运输和槽车(汽车或火车)运输两种形式。无论哪一种运输形式,燃气都具有较高的压力,而燃气又是易燃易爆气体(人工燃气还有毒性),因此在管道及设备设施由于各种原因失效时,燃气就会泄漏而引发燃烧、爆炸及中毒事故。燃气储运工艺及设备设施有害因素包括以下几个方面。

(1)设计不合理

燃气供应系统的设计质量对系统安全有重要和直接的影响。设计失误主要有以下 9 个方面:

①工艺流程、设备布置不合理。

②系统工艺计算(如水力计算)不正确。

③管道壁厚选择过小。

④管道布线、站场位置选择不合理。

⑤管道及设备选材选型不合理。

⑥防腐蚀设计不合理。

⑦管道柔性设计考虑不周。

⑧结构设计不合理。

⑨防雷、防静电设计缺陷。

(2)施工质量问题

燃气系统的施工质量也直接关系到系统的运行安全,主要有以下方面的问题:

①管道施工队伍技术水平低,管理不善。

②强力组装。

③焊接缺陷。

④防腐层补口、补伤质量问题。

⑤管沟质量及回填质量问题。

⑥穿越、跨越工程质量问题。

⑦验收问题。

（3）腐蚀失效

腐蚀失效是在役金属燃气管道、设备设施的主要失效形式之一，特别是埋地管道和设备，腐蚀导致穿孔而漏气的现象极为常见。腐蚀主要有以下几种：

①电化学腐蚀；

②化学腐蚀；

③微生物腐蚀；

④应力腐蚀；

⑤电流干扰腐蚀。

腐蚀的原因是非常复杂的，腐蚀速率受许多因素的影响，有兴趣的读者可以参阅相关的文献。

（4）疲劳失效

管道及设备遭受内压和外载荷导致的双重应力作用，而内压和外载荷都是随时间不断地变化的交变载荷，交变载荷引起交变应力，使得管道及设备发生疲劳破坏。据统计，管道系统的不连续处、储罐、LNG 低温储罐常常发生疲劳破坏。

（5）阀门、法兰、垫片及紧固件失效

阀门、法兰、垫片及紧固件等，这些零部件因设计不当、材质不良、制造和装配不佳、使用和维护不当及环境因素等原因导致失效，均会导致燃气泄漏。

（6）储存设施失效

燃气储罐（包括高压气体储罐和 LPG、LNG 储罐）储量一般都较大，一旦失效并发生火灾、爆炸事故，危害特别大，储罐设施一般有以下几个方面的危险因素：

①支撑问题；

②地层影响；

③安全附件故障；

④正压保护失效；

⑤保护层及绝缘层失效；

⑥腐蚀失效；

⑦操作失误；

⑧检修事故；

（7）电气设施及防雷、防静电设施故障

电气设施故障可能造成停电而导致系统功能无法完成，防雷、防静电设施故障可能导致雷击或静电放电危害，从而危及系统安全。

（8）槽车等装运设施故障

天然气和液化石油气经常通过汽车、火车槽车运载。槽车安全附件失效、连接件失效、LNG槽车保温失效、槽车运行部件疲劳、槽车装卸操作失误等多种原因都有可能导致事故。

3）人力与安全管理危险有害因素辨识

人力与安全管理危险包括违章作业和安全管理不规范两个方面。

（1）违章作业

违章指挥、违章操作、操作失误等违章作业也是危害燃气供应系统的重要因素之一，主要表现为以下5个方面：

①违章动火：即在系统达不到动火条件时，管理人员指挥作业人员动火或作业人员擅自动火，结果造成重大安全事故。

②违章开关阀门。

③压缩机组操作违章。

④检修、抢修操作违章：即检修、抢修时，安全条件不具备、安全措施未落实或作业方法不恰当，未按规定的要求和程序进行。

⑤违章充装。

（2）安全管理不规范

安全管理不规范主要包括以下4个方面：

①安全管理制度不完善：如安全责任制、岗位职责、操作规程、应急救援预案、安全培训制度不完善，以及制度得不到落实等问题。

②安全管理资料不齐全：如管线线路、规格、埋深情况，管线所经过的地下的地貌、土壤破坏性，管道及设备的历史抢险、抢修资料等不齐全。

③安全管理法规的宣传和执行不到位。

④企业自身的安全意识薄弱。

4）环境危险有害因素辨识

供气系统所处的环境对系统的安全有着重大的影响。环境危害因素包括自然环境危害因素和社会环境危害因素。

（1）自然环境危险有害因素

①地质灾害：地质灾害主要有地震、滑坡与崩塌、地面沉降、水土流失等。地震可导致管线断裂、站场建（构）筑物倒塌、控制系统失效等非常严重的破坏。滑坡、山体崩塌、地面沉降也会导致管道及管道与设备的连接处变形或断裂。水土流失可能导致管道裸露悬空。

②气候灾害：气候灾害主要有飓风、雷电、洪水等。飓风、雷电和洪水都能破坏管线、站场的通信系统、控制系统，并易于导致站场设备设施的破坏，洪水可能使得管道裸露、悬空或断裂。雷电还可能使泄漏的燃气燃烧或爆炸。

③火灾：火灾使得管道由于热应力过大而变形或断裂。建筑物由于火灾而部分坍塌时，管道系统也随之遭受毁灭性破坏，如果管道系统未得到有效控制而泄漏燃气，火灾会被大大加剧。

④环境污染:如"三废"污染、酸雨、气候异常等可能使得管道腐蚀加剧。

（2）社会环境危害

社会环境危害主要有以下3点:

①第三方破坏:是指第三方人员在不知情的情况下意外地破坏管道及设备。其主要包括城市建设过程中施工单位野蛮施工导致管道及设备的破坏,以及交通工具等对地上管道设备的冲击破坏。据统计,第三方破坏在我国燃气供应系统所有破坏因素中的比例居第二位,而在一些发达国家则为首要破坏因素。

②违章占压:违章占压包括违规在埋地管道上方建造建(构)筑、堆放大量重型材料及停放重型机械。

③恶意破坏:如一些不法分子为了偷用燃气、偷窃管道及设备而将供气系统破坏。近些年来,有关恶意破坏供气系统的事件屡有发生。

5）火源因素辨识

火灾、爆炸必须同时具备3个条件或要素,即可燃物、助燃剂、引燃或引燃能量。站场、管道系统在设计、施工、运行管理过程中,由于各种原因,设备设施、管道或连接部位常有燃气泄漏,当遇到点火源或引爆能时,将引发火灾、爆炸事故。因此,控制点火源的产生意义重大。而产生或影响点火源的因素很多,现归纳如下。

（1）明火

据不完全统计,明火是产生火灾、爆炸的主要原因。常见的明火情况有:

①站（场）、库区或阀室附近产生的烟道火星,放鞭炮和烧纸产生的夹有火星的飞灰。

②车辆排气管喷出的火星。

③燃气泄漏区域内违章吸烟、动明火、电气焊或其他违章作业等产生的明火。

④燃气泄漏至地沟或空气中,未及时发现,最终到达锅炉房、灶房、配电站等明火处。

（2）静电火花

静电放电能量超过一定值时会成为点火源(见第5章)。

（3）雷击火花

避雷装置设计不合理或发生故障,储罐顶开口未安装阻火器或浮顶密封装置失效,金属罐接地电阻过大或静电荷消除不掉,都容易遭受雷击。

（4）碰撞和摩擦火花

①高速泄漏的燃气与泄漏孔口边缘摩擦而产生火花。

②用铁制工具开启或搬运时相互撞击产生火花。

③铁路车辆"研轴"、烃泵及压缩机空转造成壳体过热产生火花。

④钢瓶在搬运过程中相互撞击产生火花。

⑤外来飞射物打击或交通工具撞击产生火花等。

（5）电气火花

产生电气火花的主要电气设备原因有:

①输电设备、线路、防爆电机、照明设备等采用非防爆型或防爆等级不够。

②发生短路、漏电、接地、过负荷等故障,产生电弧、电火花、高热。

③电车电导与电线接触产生火花。

④电话及其他通信设备的使用产生电火花。

⑤开关电器、插上拔出插头过程中产生电火花等。

（6）高温表面

高温表面包括采暖系统、高温物料、热处理赤热体、汽车等机械的高温零件等的高温表面。

（7）自燃引燃

含硫、含磷物质暴露在空气中发生的自燃；垃圾堆易燃物质堆积受热自燃而成为点火源。

8.1.3　风险估计

1）事件的概率估计

设随机事件 A 在 n 次试验中发生了 m 次，则称比值 m/n 为 A 在 n 次试验中发生的频率，频率随着试验次数 n 变化而变化，但当随着试验次数的无限增大，随机事件的频率将逐渐稳定于某一个常数，这个常数与试验次数无关，是一个客观存在的数，这个数就称为概率，用来衡量事件发生可能性的大小。

事件发生的概率和事件所造成的后果是事件风险的两个方面。因而概率分析是风险评价的主要内容之一。事件概率不易被确定，因此只能对事故的概率进行估计，估计的结果可用一个确定的数值表示，也可以用一个数值范围来表示，还可以用事件发生的可能性"大"或"小"等模糊语言表示。

根据概率分析方法的不同，可以将概率分析分为 3 类，即客观估计法、主观估计法和兼有客观估计与估计分析的"合成"估计方法。

（1）客观估计法

客观分析主要有两种计算方法：

①根据大量的试验数据或历史经验数据，按照概率的定义，采用统计的方法计算事件发生的概率。

②按照古典概率的定义，将事件分解成基本事件，用基本事件的概率经过运算得出事故的发生概率。

基本事件的概率应该是已知的或者是相比之下更容易估计的，对于未知概率的基本事件，其概率还需要采用试验数据（历史经验数据）统计的方法计算，或者采用主观的专家估计法估计。

（2）主观估计法

主观估计法顾名思义是指有经验的专家根据他们以往的经验和对系统的了解与分析，对事件发生的可能性做出一个主观判断，因此也称为专家估计法。专家估计法是利用较少的信息做出估计的一种方法，通常用一个 0 到 1 之间的数来描述此事故发生的可能性，也可以用"大"或"小"来估计其可能性，然后将这些模糊语言转换成 0 到 1 之间的数以便于后面的计算。

（3）主观客观"合成"估计法

该估计方法不是直接利用大量的试验数据（或历史数据）来分析，也不是完全由某个人主观确定，而是两者的"合成"，例如类推法，即根据某些特性相似的事件的概率类推得到所研究事件的概率。另外,上面所提到的基本事件概率有些是客观估计的概率,有些是主观估计的概率,然后通过运算得到事件的概率,也属于合成估计方法。

2)后果估计

后果估计也是风险评价的主要内容之一。对于燃气供应系统,泄漏事故、火灾事故、爆炸事故、中毒事故是主要的几种可能发生的事故,这些事故的后果在前文中已经做了具体的分析。后果程度可以用各种方法表示,例如人员死伤数、工作日损失数、经济损失价值等。为了定量地将各种后果形式统一地用经济损失价值来表示,可以按国家标准《企业职工工伤亡事故经济损失统计标准》(GB 6721—86)统计事故的经济损失总值,该标准的统计范畴见表8.1。

表 8.1　事故损失统计范畴

直接经济损失	1.人身伤亡所支出的费用	医疗费用(含护理费用)
		丧葬及抚恤费用
		补助及救急费用
		歇工工资
	2.善后处理费用	处理事故的事务性费用
		现场抢救费用
		清理现场费用
		事故罚款及赔偿费用
	3.财产损失价值	固定财产损失价值
		流动财产损失价值
间接经济损失	1.停产减产损失价值	
	2.工作损失价值	
	3.资源损失价值	
	4.处理环境污染的费用	
	5.补充新职工的培训费用	
	6.其他损失费用	

3)风险值计算

假设风险辨识找出系统 n 个主要的危害事件,它们的发生概率分布是 $P_i(i=1,2,\cdots,n)$,它们的后果分布是 $C_i(i=1,2,\cdots,n)$,则系统存在的风险值 R 为:

$$R = \sum_{i=1}^{n} P_i C_i \qquad (8.2)$$

4)风险的可接受性准则

由于自然的法则和环境的约束,人们在获得实践活动所带来的利益和好处的同时,也要承担这种实践活动可能伴随产生的风险(例如对人的健康和安全)。在人们认识到这种风险的存在并继续从事某项实践活动时,就意味着人们将这种风险作为获得有关利益和好处的代价而接受。而当人们觉得某项活动的风险较大时,就会采取一些控制风险的措施,如果活动的风险可以控制在可接受的范围内,这项活动便可以继续下去;而当风险无法控制在可以接受的范围内时,人们可能不再从事该项活动。

美国核能管理局、英国健康与安全委员会和其他管理机构都采纳的风险可接受性标准为风险和危害应为"合理的尽可能低"(ALARP),如图8.3所示。

对于个人风险(即长期生活、工作或居住在危险源附近的个人所承受的风险),通常以死亡率表示,10^{-6}/(人·年)死亡率通常被认为是可以被接受的。社会风险则通常以 $F-N$ 曲线表示(累计频率-死亡人数曲线),社会风险通常更受公众的关注,图8.4是荷兰政府制订的用 $F-N$ 曲线表示的社会风险可接受性标准。

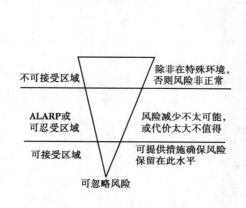

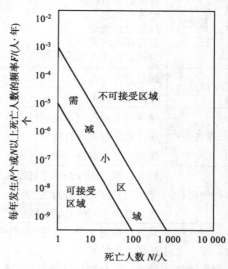

图 8.3　ALARP 等级划分　　　　　图 8.4　荷兰社会风险可接受性标准

确定风险可接受性准则目前仍处于研究之中。在制订风险的可接受性准则时,应考虑多种影响因素,如事故后果特征、风险的可控制性、承受风险的可接受性、风险的不确定性、个人风险与社会风险之间的关系等。

8.2　燃气设施风险评价方法

8.2.1　安全检查表

为检查某一系统、设备以及各种操作、管理和组织措施中的危险因素,事先对检查对象加以剖析、分解,查明问题所在,并根据理论知识、实践经验、相关标准、规定和事故情报等进行周密细致的思考,确定检查的项目和重点,并按系统编制成表,以备安全检查时按规定的项目进行检查和诊断,这种表就叫安全检查表。安全检查表的通用格式见表8.2。

表8.2 安全检查表

序号	检查项目	检查内容	依据的法规标准	检查结果	检查时间	检查人	备 注

例如,对管道燃气用户端进行安全检查时,可编制安全检查表,如表8.3所示。

表8.3 燃气用户端安全检查表

序号	检查项目	检查内容	标准依据	检查结果	检查时间	检查人	备 注
1	管道	用户是否私自改管; 管道是否有破损; 胶管是否过长; 胶管是否老化; 胶管是否暗设; 金属管道是否暗设锈蚀;					
2	用户阀门	阀心是否松动; 考克是否失灵;					
3	煤气表	煤气表是否在规定使用时间范围内; 煤气表外观是否有损伤; 煤气表是否有被移动的迹象;					
4	燃气用具	燃气用具是否残旧或超过使用年限; 燃气用具接头是否漏气; 热水器的水气管是否倒装;					
5	安全管理	是否定期对全体用户的室内燃气设施进行安全检查; 检查中发现安全隐患是否及时纠正; 是否采取有效的措施向用户宣传燃气安全知识,增强用户的安全意识;					

安全检查表是安全系统工程的一项最基本的方法,其优点是突出重点,避免遗漏,便于发现和查明各种危险因素;其缺点是没有给出潜在事故情况和风险等级。

8.2.2 危险性预分析法

预先分析(Preliminary Hazard Analysis,PHA)是在工程活动之前,对系统存在的各种危险因素和事故可能造成的后果进行宏观、概略分析的系统安全分析方法。危险性预分析的步骤,如图8.5所示。

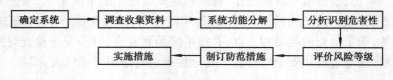

图8.5 危险性预分析的步骤

编写危险性预分析表是危险性预分析的主要工作,表8.4为典型的危险性预分析表。

表8.4　危险性预分析表

序号	危险有害因素	触发事件	现象	事故原因	危害事件	后果	风险等级	措施

触发事件是与危害因素现象直接联系的事件,是可以通过观察和测量等方法直接预测的事件。事故原因是导致触发事件的因素,要通过因果分析的方法得出。后果是实际事故发生后的后果或者推断可能的事故后果。风险等级划分为4级:Ⅰ级,安全的,可以忽略;Ⅱ级,临界的,处于事故边缘状态,很可能进一步发展成为事故;Ⅲ级,危险的,会造成人员伤害和财产损失;Ⅳ级,破坏性的,可能造成严重事故。

危险性预分析的优点是给出了危险因素的类型、潜在的危害事件、原因、后果、风险等级及对应的措施,表格简洁明了。其缺点是分析深度不够,确定风险等级的主观性较强。

8.2.3　危险和可操作性研究

危险和可操作性分析(Hazard and Operability Study,HAZOP)是一种定性的风险评价方法,基本过程是以7个关键词为引导,找出工艺状态参数(压力、流量等)与规定的基准状态可能出现的偏差,然后再分析造成偏差的原因、后果及相应的措施。7个关键词见表8.5。

表8.5　关键词及其含义

关键词	含　义	说　明
NONE 没有(否)	完全没有实现设计或操作规定的要求	如无流量,无压力显示等
LESS 低(少)	数值比基准值偏小,或滞后到达	如压力、流量比规定值偏小
MORE 高(多)	数值比基准值偏大,或提前到达	如压力、流量比规定值偏大
PART OF 部分	只完成规定功能的一部分	—
AS WELL AS 伴随(多余)	完成规定功能的同时,伴随多余事件发生	—
REVERSE 相反(反相)	出现和规定要求完全相反的事或物	如流量方向相反
OTHER THAN 异常(其他)	出现和规定要求不同的事或物	

典型的HAZOP评价表见表8.6。它的优点是按7个引导词可以全面分析工艺状态参数可能的各种偏差;其缺点是对于复杂的工艺过程,工作量大,且没有给出风险等级。

表8.6　典型的HAZOP评价表

关键词	偏　差	可能的原因	影响或后果	必要的措施	备　注

8.2.4　作业条件危险性法

作业条件危险性(LEC)是一种简单易行的半定量评价作业风险的方法。作业危险性是3

个因素的乘积,这 3 个因素是:

①发生事故或危险事件的可能性,用符号 L 表示。

②人们暴露于危险环境中的频繁程度,用符号 E 表示。

③发生事故后可能产生的结果,用符号 C 表示。

作业危险性 $D=LEC$。D 值越大表明作业条件的危险性越大。L,E,C 的权重分值如下。

1)事故发生的可能性分值 L

事故发生的可能性用事故发生的概率来表示,即绝不可能发生的事情为 0,必然发生的事情为 1。在制订 L 分值时,将必然发生的事件分值定为 10 分,将实际上不可能发生的事件分值定为 0.1 分。各种可能性情况的分值见表 8.7。

表 8.7 事故的可能性与分值

事故发生的可能性	分 值	事故发生的可能性	分 值
完全被预料到	10	极少可能	0.5
相当可能	6	极不可能	0.2
有可能,但不经常	3	实际上不可能	0.1
可能性小,很意外	1		

2)人暴露于危险环境的频繁程度分值 E

人暴露在危险环境中的时间越多,受到伤害的可能性越大,相应的风险也越大,不同暴露频率程度的分值见表 8.8。

表 8.8 暴露频率及其分值

暴露于危险环境中的频繁程度	分 值	暴露于危险环境中的频繁程度	分 值
连续暴露	10	每月暴露 1 次	2
每天工作时间内暴露	6	每年暴露几次	1
每周暴露 1 次	3	非常罕见暴露	0.5

3)事故可能造成的后果分值 C

由于事故造成的人身伤害程度范围很大,规定把需要治疗的轻伤分值定为 1,10 人以上死亡的分值定为 100。具体分值见表 8.9。

表 8.9 后果程度及分值

事故造成的后果程度	分 值	事故造成的后果程度	分 值
10 人以上死亡	100	严重致残	7
数人死亡	40	有伤残	3
1 人死亡	15	轻伤,需救护	1

4) 风险等级划分标准

将上述 3 项分值相乘得到危险性分值 D，相应 D 数值的风险程度划分及应采取的对策见表 8.10。

表 8.10 风险程度划分

分 值	风险程度	分 值	风险程度
≥320	风险极大，不能继续作业	20～69	风险一般，需要注意
160～320	风险大，需要立即整改	<20	风险轻微，可以接受
70～159	风险较大，需要整改		

作业条件危险性评价方法简单易行，可广泛应用于燃气工程建设项目的各类风险评价。其缺点是主观性较强。

8.2.5 故障类型及影响分析

故障类型及影响分析（Failure Mode and Effects Analysis，FMEA）是一种归纳方法，是对系统或产品的各个组成部分，按照一定的顺序进行系统分析和考察，查出系统中各子系统或元件可能发生的各种故障类型，并分析它们对系统或产品的功能造成的影响，提出可能采取的措施，以提高系统或产品的可靠性和安全性的方法。如果将这种方法和故障后果程度分析联合起来，就构成了故障类型、影响及致命度分析（Failure Mode，Effects and Criticality Analysis，FMECA，）则应用更为广泛。

1) FMEA 分析的一般程序

（1）定义系统

全面搜集所分析系统的相关资料，明确系统的情况和目的。

（2）确定分析层次

做成系统的逻辑框图。系统由若干个子系统组成，子系统又可分为若干个单元、元件等，逻辑框图的展开程序是从最上一级出发，依次达到系统的最下一级，逻辑框图应当便于了解功能丧失的影响在系统元件之间的传播。

（3）分析故障类型和影响，列出故障类型清单

这一步是 FMEA 分析的核心，通过逻辑框图，运用理论知识和实践经验判断系统中所有可能出现的故障类型以及对部件、子系统和系统的影响。如果故障影响传播到系统的最高级，使系统发生故障，则这个故障是系统的致命故障。

2) 确定故障等级

（1）简单划分法

简单划分法将故障对系统的影响严重程度分为 4 个等级，见表 8.11。

表 8.11　故障等级的划分

故障等级	影响程度	可能造成的损失或危害
Ⅰ级	致命	可能造成死亡或系统损失
Ⅱ级	严重	可能造成严重伤害、严重职业病、主要系统损坏
Ⅲ级	临界	可造成轻伤、轻职业病或次要系统损坏
Ⅳ级	可忽略	不会造成伤害和职业病,系统也不会受损

（2）评分法

评分法从几个方面来考虑故障对系统的影响程度,用一定的分值表示风险程度的大小,通过计算求出故障等级的致命度分值。

$$C_E = F_1 F_2 F_3 F_4 F_5 \tag{8.3}$$

式中　C_E——致命度分值;

F_1——故障或事故对人的影响;

F_2——故障或事故对装置（系统、子系统、单元）造成的影响;

F_3——故障或事故发生的频率;

F_4——防止故障或事故的难易程度;

F_5——是否为新技术、新设计或对系统的熟悉程度。

$F_1 \sim F_5$ 的分值见表 8.12。

表 8.12　$F_1 \sim F_5$ 的分值取定

项　目	影响程度	分值
F_1	造成生命损失	5.0
	造成严重损失	3.0
	一定功能损失	1.0
	无功能损失	0.5
F_2	对系统造成两处以上重大影响	2.0
	对系统造成一处以上重大影响	1.0
	对系统无大的影响	0.5
F_3	易于发生	1.5
	可能发生	1.0
	不太可能发生	0.7
F_4	不能防止	1.3
	能够预防	1.0
	易于预防	0.7
F_5	相当于新设计（新技术）或不够熟悉	1.2
	类似的设计（技术）或比较熟悉	1.0
	同样的设计（技术）或相当熟悉	0.8

确定 $F_1 \sim F_2$ 分值后计算 C_E 分值，C_E 分值与故障等级的关系见表 8.13。

表 8.13　C_E 分值与故障等级的划分

C_E 分值	故障或事故等级	影响程度
$C_E > 7$	Ⅰ级，致命的	人员伤亡，系统任务不能完成
$4 < C_E \leqslant 7$	Ⅱ级，重大的	大部分任务不能完成
$2 < C_E \leqslant 4$	Ⅲ级，小的	部分任务不能完成
$C_E \leqslant 2$	Ⅳ级，轻微的	无明显影响

C_E 分值的大小也可以作为各种故障类型之间的风险程度的相对比较，从而找出风险大的故障类型。通过结果汇总，将可能给系统造成影响的故障类型、评价分值和（或）等级、故障触发原因、风险削减措施等绘制成表格。FMEA 方法简单，结果简洁明了，适合于对装置的风险分析。

8.2.6　肯特管道风险评价方法

肯特（W. Kent Muhlbauer）管道风险评价方法是以专家打分为基础，求取管道相对风险数大小的方法。该方法的基本步骤是：首先将管线按照其状况的不同分段，然后详细分析每个管段的情况，由专家结合管道的实际情况给下文所述的几个方面的指数打分，最后通过指数间的运算计算出管段的相对风险数，管段的风险评价流程如图 8.6 所示。

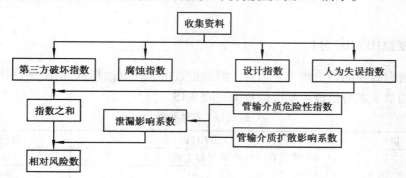

图 8.6　KENT 管道风险评价流程图

管段的相对风险数按下式计算：

$$相对风险数 = \frac{指数之和}{泄漏影响系数} \tag{8.4}$$

$$指数和 = 第三方破坏指数 + 腐蚀指数 + 设计指数 + 人为失误指数$$

$$泄漏影响系数 = \frac{介质危险性指数}{介质扩散影响系数} \tag{8.5}$$

1）管线分段

由于管线很长，在管线的不同位置，其风险程度是不一样的，因此必须对管线分段，分段的基本原则是在管线出现重要变化的地方插入分段点。分段时应考虑风险评价的成本开支和数据精度：分段点多则风险评价精度高，相应的评价成本也增大；分段点少，评价成本低，但评价的精度也相应降低。一般来说应依次考虑管线以下状况的变化：

①人口密度；

②泥土条件；

③涂层状态；

④管道使用年龄。

当然，当管线其他状况出现重大变化时也可以添加分段点。

2) 第三方破坏指数(0~100 分)

第三方破坏是管道遭受破坏的最主要的方式之一，它与管道最小埋深、地面活动程度、地下管道装置、公众教育、公众热线电话、管线标志状况、巡线频率等有关。第三方破坏指数分值评定见表 8.14，第三方破坏指数的分值为各分指标分值之和。

表 8.14　第三方破坏指数

项　目	分值范围	项　目	分值范围
A 最小埋深	0~20	F 管线标志	0~15
B 管道上面地面活动水平	0~20	E 公众教育	0~5
C 地上管道装置设施	0~10	G 巡线频率	0~15
D 公众热线系统	0~15	合计(第三方破坏指数 T_i)	0~100

3) 腐蚀指数(0~100 分)

腐蚀是管道破坏的另一种主要因素。腐蚀指数由大气腐蚀指数、内壁腐蚀指数和埋地金属外层腐蚀指数 3 部分组成。其取值范围见表 8.15。

表 8.15　腐蚀指数

项　目	分项目	分值范围
A.大气腐蚀	A1 管道在空气中的暴露方式	0~5
	A2 大气类型	0~10
	A3 涂层	0~5
B.内腐蚀	B1 输送介质腐蚀性	0~10
	B2 内防腐措施	0~10
C.埋地金属腐蚀	C1 阴极保护状况	0~8
	C2 涂层状况	0~10
	C3 土壤腐蚀性	0~4
	C4 管道使用的年龄	0~3
	C5 管道附近气体及埋地金属装置的状况	0~4
	C6 交流干扰电流	0~4
	C7 应力腐蚀与磨蚀	0~5
	C8 测试桩	0~6
	C9 密集电位调查	0~8
	C10 清管情况	0~8
合　计		0~100

4) 设计指数(0~100分)

设计与管道的风险状况有着密切的联系。设计指数由管道安全指数、系统安全指数、疲劳指数、水击指数、水压试验指数、土壤移动指数6部分组成,其分值范围见表8.16。

表8.16　设计指数

项　目	分值范围	项　目	分值范围
A.管道安全指数	0~20	E.水压试验指数	0~25
B.系统安全指数	0~20	F.土壤移动指数	0~10
C.疲劳指数	0~15	合计	0~100
D.水击指数	0~10		

5) 人为失误指数(0~100分)

人为失误包括设计、施工、操作运行和维护保养4个方面的失误,分值范围见表8.17。

表8.17　人为失误指数

	项　目	分值范围		项　目	分值范围
A.设计失误	A1 危险因素辨识	0~4	C.操作运行失误	C1 操作规程	0~7
	A2 超过最大运行工作压力的可能性	0~12		C2 SCADA 系统	0~2
	A3 安全系统	0~10		C3 药检	0~5
	A4 材料选择	0~2		C4 安全方案	0~2
	A5 设计检查	0~2		C5 安全检查	0~2
B.施工失误	B1 施工检验	0~10		C6 培训	0~10
	B2 材料	0~2		C7 机械保护装置	0~7
	B3 接头	0~2	D.维护保养	D1 维护记录	0~2
	B4 回填	0~2		D2 维护计划	0~3
	B5 管件的预处理	0~2		D3 维护作业规程	0~10
	B6 涂层施工	0~2		合计	0~100

6) 介质危险性指数(0~22分)

根据致害时间的长短,介质危险性分为急性危害和慢性危害。急性危害指突然发生并应立即采取措施的危害,如爆炸、火灾、剧毒品泄漏等,它主要取决于介质的可燃性、化学活性和毒性,评分范围为0~12分。慢性危害是指随着时间的推移而不断增大的危害,如因介质泄漏引起的地下水污染等,其评分范围为0~10分。对于天然气,慢性危害分值取2。

介质危险分=介质急性危害分+介质慢性危害分

$$= N_f + N_r + N_h + 介质慢性危害分 \tag{8.6}$$

式中　N_f——介质可燃性分值,参见表8.18;

　　　N_r——介质化学活性分值,参见表8.19;

　　　N_h——介质毒性分值,参见表8.20。

表 8.18　介质可燃性评分

可燃程度	N_f	可燃程度	N_f
不可燃	0	$FP<37.8$ ℃且 $BP<37.8$ ℃	3
$FP>93.3$ ℃	1	$FP<22.8$ ℃且 $BP<37.8$ ℃	4
37.8 ℃$<FP<93.3$ ℃	2		

注:FP 为闪点,BP 为沸点。

表 8.19　介质化学活性评分

化学活性程度	N_r	化学活性程度	N_r
完全稳定(火灾时稳定)	0	密封状态时有爆炸可能	3
加热加压时中等活泼	1	敞口时有爆炸可能	4
不用加热便相当活泼	2		

表 8.20　介质毒性评分

毒性程度	N_h	毒性程度	N_h
完全无毒	0	可能引起严重的暂时性或长期性伤害	3
接触可能有轻微伤害	1	短时间暴露就导致死亡或严重伤害	4
接触后需立即治疗	2		

7)泄漏影响系数(1~6 分)

$$影响系数 = \frac{泄漏分值}{人口密度分值} \tag{8.7}$$

(1)泄漏分值

对于气体,泄漏分值根据其分子量和泄漏速率确定,详见表8.21。泄漏速率一般用最大允许工作压力下工作时,完全破裂后,10 min 内泄漏量来表征。

表 8.21　气体的泄漏量分值

气体的 10 min 中的泄漏量/kg		气体泄漏量分值			
		0~2 270	2 270~22 700	22 700~227 000	>227 000
分子量	≥50	4	3	2	1
	28~49	5	4	3	2
	≤27	6	5	4	3

(2)人口密度分值

人口越密集就越危险,反之人口越稀少就越安全。一类人口密度得 1 分,二类人口密度得 2 分,三类人口密度得 4 分。人口密度分类是根据美国 DOT 认证 Part 192 规定的:统计沿管线长 1 mi,两边宽 600 ft 范围内的住户数①,四类人口密度地区是指有很多住户及众多高层建筑的地区;三类人口密度地区是指有超过 46 户的地区;二类人口密度地区是指有 10~46 户的地区;一类人口密度地区指有少于 10 户的地区。

8.2.7　故障树分析

故障树分析方法是将系统故障各种原因(包括硬件、环境、人为因素),由总体到部分,按树枝状结构自上而下逐层细化的分析方法。20 世纪 60 年代初,美国的沃森(Watson)和默恩斯(Mearns)首先使用故障树分析方法对民兵式导弹发射控制系统的随机失效问题成功地做出了预测。目前,故障树分析方法已从最初的航空、航天、核工业领域应用,渗透到各个工业应用领域,被公认为是安全可靠性分析的一种简单、有效、最有发展前途的分析方法。

1)基本概念

(1)事件及其符号

故障树中的事件用于描述系统和元部件的状态,例如正常事件和故障事件,见表 8.22。

表 8.22　故障树常用事件及其符号和意义

序号	符　号	名　称	意　义
1		顶事件	人们不希望发生的对系统安全性和可靠性有显著影响的故障事件
		中间事件	包括故障树中除顶事件和底事件外的所有其他事件
2		基本事件(底事件)	它是元部件在运行条件下所发生的随机故障事件。为进一步区分故障性质,可用实线圆表示部件本身故障,用虚线圆表示由人为错误引起的故障
3		未展开事件(底事件)	该符号用于两种情形:一是没有必要详细分析或原因不明的情形;二是表示二次故障,即来自系统之外的故障事件
4		正常事件(底事件)	系统在正常状态下发挥正常功能的事件
5	A	转入三角形	位于故障树的底部,表示树的 A 部分分支在其他地方
6	A	转出三角形	位于故障树的顶部,表示树的 A 部分是在其他部分绘制的一棵故障树的子树

(2)部件

凡是能产生故障事件的元部件及设备、子系统、环境条件、人为因素等,在故障树中定义为部件。

---

① 　1 mi = 1.609 344 km;1 ft = 0.304 8 m。

（3）故障及其分类

产品或产品的一部分不能或将不能完成预定功能的事件或状态称为故障。故障按故障发生的规律可分为偶然故障和渐变故障；按故障后果可分为致命性故障和非致命性故障；按统计特性可分为独立故障和从属故障；按发生原因可分为一次故障（原发性故障）、二次故障（诱发性故障）和受控故障。

①一次故障：由于部件内在原因（自身原因）而产生的故障。

②二次故障：由于部件外在原因（环境影响等）而产生的故障。

③受控故障：由于系统其他部件影响而产生的故障。

（4）逻辑门及其符号

故障树中事件之间的逻辑关系是由逻辑门表示的，它们与事件一同构成了故障树。故障树中常用的逻辑门是"与门"和"或门"，其他逻辑门在一定程度上都可以转为这两种逻辑门表示。表8.23为常用的逻辑门及其符号和意义。

表 8.23　故障树常用逻辑门及其符号和意义

序号	符　号	名　称	意　义
1	A $B_1 \cdots B_n$	或门	输入事件 $B_i(i=1,2,\cdots,n)$ 只需有一个发生，输出事件 A 就发生。"或门"的逻辑代数表达式为：$$A = B_1 \cup B_2 \cup \cdots \cup B_n$$
2	A $B_1 \cdots B_n$	与门	输入事件 $B_i(i=1,2,\cdots,n)$ 同时发生时，输出事件 A 才发生。"与门"的逻辑代数表达式为：$$A = B_1 \cap B_2 \cap \cdots \cap B_n$$
3	禁止条件	禁止门	当给定条件（图右侧的禁止条件）满足时，输入事件直接引起输出事件的发生；否则输出事件不发生
4	A r/n $B_1 \cdots B_n$	表决门	n 个输入中至少有 r 个发生，则输出事件发生；否则输出事件不发生
5	A 不同时发生 B_1 B_2	异或门	逻辑门仅当一个输入发生时，输出才发生。异或门的逻辑代数表达式为：$$A = (B_1 \cap B_2) \cup (B_2 \cap B_2)$$

2）故障树分析的基本步骤

故障树分析一般有以下 6 个步骤，根据分析所需要的深度，可选择其中几个步骤。

（1）定义系统

定义系统是指确定系统包括的内容和边界范围，即分析的对象。

（2）调查系统

调查系统是指调查系统的整个情况，如系统运行情况、操作情况、重要参数、影响因素、历史故障等。此步骤是故障树分析的基础和依据。

（3）选择顶事件

顶事件是故障树分析的对象事件。一个系统可能存在多种故障,选择顶事件的原则是要选择易于发生的且对系统有重要意义的故障来作为分析的对象。例如对于输气管道系统,可以选择燃气泄漏作为顶事件,如果该输气管道系统处于密闭空间,则可以选择燃气爆炸作为顶事件。

（4）建造故障树

建造故障树通常从顶事件开始,分析顶事件的直接原因事件,直接原因事件与顶事件之间用逻辑门连接,逻辑门表示下层事件与上层事件之间的关系,然后再分析下一层每一个事件的直接原因事件,以此类推,一直到底事件为止,这样就形成了一个倒置的树形图。顶事件和中间事件的原因事件可能包括工艺故障、部件故障、材料缺陷、管理、指挥、操作失误等,必要时,可以采取安全检查法等分析方法先找出这些原因事件。故障树建立后,应检查故障树的正确性,按照逻辑门的结构,上一层事件是下一层事件的必然结果,下一层事件是上一层事件的充分条件。

（5）故障树定性分析

故障树定性分析包括:

①利用布尔代数和模块化方法简化复杂的故障树。

②求出故障树的最小割集或最小路集。

③底事件结构重要度分析。

④定性分析结论。

故障树定性分析的目的在于寻找导致顶事件发生的原因事件及原因事件组合,即识别导致顶事件发生的所有故障模式集合;帮助分析人员发现潜在的故障,发现系统的薄弱环节;还可用于指导故障诊断。

（6）故障树定量分析

定量分析包括:

①确定各基本事件的故障率或失误率,并计算其发生概率。

②求顶事件发生概率。

③各底事件的概率重要度分析和临界重要度分析。

④定量分析结论。

3）故障树的数学描述

（1）故障树的结构函数

为了便于进行故障树定性和定量分析,通常采用结构函数对故障树进行数学描述。

设元部件和系统只能取正常和故障两种状态,并且各个元部件的故障是相互独立的。故障树有 n 个底事件,顶事件为 T。底事件的状态采用状态变量 $x_i(i=1,2,3,\cdots,n)$ 表示,则

$$x_i = \begin{cases} 1 & \text{当底事件 } i \text{ 发生时} \\ 0 & \text{当底事件 } i \text{ 不发生时} \end{cases}$$

系统顶事件 T 的状态,采用状态变量 Φ 表示,则 Φ 必然是底事件 x_i 的函数:

$$\Phi = \Phi(X) = \Phi(x_1, x_2, \cdots, x_n)$$

$$\Phi(X) = \begin{cases} 1 & \text{当顶事件 } T \text{ 发生时} \\ 0 & \text{当顶事件 } T \text{ 不发生时} \end{cases}$$

称 $\Phi(X)$ 为故障树的结构函数,是表示系统状态的一种布尔函数。

（2）典型结构的结构函数

①"与门"结构:根据与门的定义有:$\Phi(X) = \bigcap_{i=1}^{n} x_i (i=1,2,\cdots,n)$;其中,$n$ 为输入事件个数。

②"或门"结构:根据或门的定义有:$\Phi(X) = \bigcup_{i=1}^{n} x_i (i=1,2,\cdots,n)$;其中,$n$ 为输入事件个数。结构函数也可以写成:

$$\Phi(X) = 1 - \bigcap_{i=1}^{n} x_i \quad i=1,2,\cdots,n$$

（3）单调关联系统

单调关联系统是指系统中任意一组成单元的状态由正常（故障）转变为故障（正常）,不会再使系统的状态由故障（正常）转为正常（故障）的系统。

4）故障树的定性分析

（1）割集和最小割集

①割集:故障树中一些底事件的组合。当这些事件同时发生时,顶事件必然发生。

②最小割集:若将割集中所含的底事件任意去掉一个就不再成为割集了,这样的割集就是最小割集。

（2）路集和最小路集

①路集:故障树中一些底事件的组合,当这些事件不发生时,顶事件必然不发生。

②最小路集:若将路集中所含的底事件任意去掉一个就不再成为路集了,这样的路集就是最小路集。

（3）对偶树

设故障树 T 的结构函数为 $\Phi(X)$,另有一个故障树 T_D,其结构函数为 $\Phi_D(X)$,若

$$\Phi_D(X) = 1 - \Phi(1-X)$$

则称 T_D 为 T 的对偶树,其中:$(1-X) = (1-x_1, 1-x_2, \cdots, 1-x_n)$。

显然

$$1 - \Phi_D(1-X) = 1 - [1 - \Phi(X)] = \Phi(X)$$

即故障树与其对偶树之间相互对偶。由上述对偶关系可知:

①故障树的路集（最小路集）是其对偶树的割集（最小割集）,反之亦然。

②故障树的割集（最小割集）是其对偶树的路集（最小路集）,反之亦然。

③将原故障树的或门改为与门,与门改为或门,其他不变,即得到故障树的对偶树。

（4）最小割集的计算

最小割集的计算是定性分析的主要工作,计算的方法有很多,常用的有上行法和下行法。上行法的基本做法是:从故障树的底事件开始,利用逻辑与门和或门逻辑运算法则,依次往上,将中间事件用底事件表示,直到顶事件为止,得到割集,再进行简化、吸收得到最小割集。下行法的基本做法是:从故障树的顶事件开始,由上到下,依次把上一级事件置换为下一级事件,遇到与门将输入事件横向并列写出,遇到或门将输入事件竖向串联写出,直到把全部逻辑

门都置换成底事件为止,此时最后一列代表所有割集,再把割集简化、吸收得到全部最小割集。当故障树比较复杂时,手工计算太过烦琐,易于出错,因此通常用计算机编程的方法计算。有关布尔代数运算、最小割集手工和计算机求解方法的具体内容,可以参阅有关的专著。

5)故障树定性分析的意义

故障树定性分析是指基于故障树最小割集和最小路集的分析。对故障树进行定性分析有以下意义:

①最小割集代表系统的故障模式。找出最小割集对降低系统潜在事故的风险具有重要意义,如果在设计阶段能做到使每个最小割集中至少有一个底事件恒不发生(或发生概率极低),则顶事件不发生(或发生概率极低)。

②最小路集代表系统的正常工作模式。只要系统的一个最小路集存在,则系统就正常工作。一旦某底事件发生,控制与该底事件无关的最小路集存在,就能保证系统安全。

③最小割集和最小路集可以指导系统故障的诊断和维修。根据故障树最小割集和最小路集及或门和与门的数学意义,任何故障树都可以用由顶事件和其所有最小割集组成的或门结构等价表示,也可以用由顶事件和其所有最小路集组成的与门结构等价表示。当顶事件发生,即系统故障时可以用以下方法诊断故障的原因:

①依次取正常事件,利用最小路集等价树对未知事件进行判断,如果一个含有 x 个的最小路集中有 $x-1$ 个正常事件,则另一个一定是故障事件。

②如果某最小割集含有正常事件,则故障一定不是由该最小割集造成的,逐个对最小割集进行分析可缩小范围,最终找出故障事件或可能的故障事件。

6)故障树的定量分析

(1)求解顶事件的发生概率

求解故障树顶事件发生概率通常有 3 种方法:通过底事件发生概率直接求解、通过最小割集求解和通过最小路集求解,下面介绍这 3 种方法的基本原理。

①通过底事件发生概率直接求顶事件发生的概率

由 n 个底事件组成的故障树,其结构函数为:

$$\Phi(X) = \Phi(x_1, x_2, \cdots, x_n)$$

如果故障树顶事件代表系统故障,底事件代表元、部件故障,则顶事件发生概率就是系统的不可靠度 $F_s(t)$,其数学表达式为:

$$P(t) = F_s(t) = E[\Phi(X)] = g[F(t)]$$
$$F(t) = [F_1(t), F_2(t), \cdots, F_i(t)]$$

式中　$F_i(t)$——第 i 个元、部件的不可靠度;

　　$\Phi(X)$——故障树的结构函数。

根据或门和与门的结构函数有:

a.与门结构:

$$F_s(t) = E[\Phi(X)] = E\left[\bigcap_{i=1}^{n} x_i\right] = E[x_1(t)]E[x_2(t)]\cdots E[x_n(t)]$$
$$= F_1(t)F_2(t)\cdots F_i(t)$$

b.或门结构：

$$F_s(t) = E[\Phi(X)] = E\left[1 - \bigcup_{i=1}^{n} x_i\right]$$

$$= 1 - E[1 - x_1(t)]E[1 - x_2(t)]\cdots E[1 - x_i(t)]$$

$$= 1 - [1 - F_1(t)][1 - F_2(t)]\cdots[1 - F_i(t)]$$

通过底事件发生概率直接求解顶事件发生概率的方法要求故障树中不含有重复出现的底事件，否则应按照下面两种方法求解。

②通过最小割集求解顶事件的发生概率

如果已知故障树的全部最小割集为 $K_1, K_2, \cdots, K_m$，一般情况下，底事件可能在多个最小割集中重复出现，即最小割集之间是相交的，则精确计算顶事件发生概率（即系统不可靠度 F_s）必须用相容事件的概率公式：

$$P(T) = F_s = P(K_1 \cup K_2 \cup \cdots \cup K_m)$$

$$= \sum_{i=1}^{m} P(K_i) - \sum_{i<j=2}^{m} P(K_i K_j) + \sum_{i<j<k=3}^{m} P(K_i K_j K_k) + \cdots +$$

$$(-1)^m - 1P(K_1, K_2, \cdots, K_m) \tag{8.8}$$

式中 K_i, K_j, K_k——第 i, j, k 个最小割集；

m——最小割集的个数。

上述精确计算公式复杂而费时，由于底事件发生概率的估计或统计往往不十分精确，故精确计算顶事件概率没有实际意义；且由于最小割集发生的概率一般都很低，因此多项最小割集的积运算是非常低的，因此取式（8.8）的前两项进行计算已足够精确。

令：$S_1 = \sum_{i=1}^{m} P(K_i)$，$S_2 = \sum_{i<j=2}^{m} P(K_i K_j)$，则：

$$P(T) = F_s(t) \approx S_1 - S_2 \tag{8.9}$$

而每个最小割集的概率是底事件积的概率，因而可由底事件的发生概率求出。

③通过最小路集求解顶事件的发生概率

如果已知故障树的全部最小路集为 $C_1, C_2, \cdots, C_m$，一般情况下，底事件可能在多个最小路集中重复出现，即最小路集之间是相交的，则精确计算顶事件不发生的概率（即系统可靠度 R_s）必须用相容事件的概率公式：

$$P(\bar{T}) = R_s = P(C_1 \cup C_2 \cup \cdots \cup C_m)$$

$$= \sum_{i=1}^{m} P(C_i) - \sum_{i<j=2}^{m} P(C_i C_j) + \sum_{i<j<k=3}^{m} P(C_i C_j C_k) + \cdots + \tag{8.10}$$

$$(-1)^m - 1P(C_1, C_2, \cdots, C_m)$$

式中 C_i, C_j, C_k——第 i, j, k 个最小路集；

m——最小路集的个数。

路集的发生概率一般都较高，如果取前几项近似计算可能会引起较大的误差，但直接按上式计算，计算量太大，会产生"组合爆炸"问题，因此通常根据集合运算规则，采用不交化的方法计算：

$$\bar{T} = C_1 + C_2 + \cdots + C_m = C_1 + \bar{C_1}C_2 + \bar{C_1}\bar{C_2}C_3 + \cdots + \bar{C_1}\bar{C_2}\bar{C_3}\cdots\bar{C_{m-1}}C_m \tag{8.11}$$

则式（8.10）各项两两互不相容，可由互不相容事件的概率有限可加性直接计算。为方便计算机编程，可将上式表述成递推算式，上式各项本身还需用同样的方法进行不交化处理。而每个最小路集的不发生概率是它所包含的底事件积的不发生概率,因而可由底事件的不发生概率求出。求得顶事件的不发生概率 $P(T)$ 后,顶事件的发生概率(不可靠度)为:

$$F_s = P(T) = 1 - P(T) \tag{8.12}$$

(2)求底事件的发生概率

由以上分析可知,无论用哪一种方法求顶事件的概率,必须首先要知道底事件的概率。一些典型底事件的发生概率(不可靠度)在一些书籍上可以查到,当底事件概率为未知时,可以采用以下方法计算:

①专家估计法;

②试验数据统计分析法;

③历史故障经验数据统计分析法。

8.2.8　事件树分析

事件树分析法(ETA,Event Tree Analysis,ETA)是一种逻辑演绎法,它在给定的一个初因事件的前提下,分析此初因事件可能导致的各种事件序列的结果,从而可以评价系统的可靠性、安全性和风险性。

1)基本概念

事件树中各类事件的定义如下:

(1)初因事件

可能引发系统安全性后果的系统内部或外部事件即为初因事件。

(2)后续事件

在初因事件发生之后,可能相继发生的其他事件即为后续事件。后续事件一般按一定的顺序发生。初因事件和后续事件只取两种状态:发生(Y)或不发生(N)。

(3)后果事件

由于初因事件和后续事件的发生或不发生所产生的不同结果即为后果事件。

事件树的初因事件可能来自系统的内部失效或外部的非正常事件。在初因事件发生后,相继发生的后续事件一般是由系统的设计、环境的影响和事件的发展进程所决定的。

2)事件树分析的基本步骤

事件树分析一般应按以下步骤进行:

(1)确定或选择初因事件

确定或选择可能导致系统安全性严重后果的事件并进行分类,对那些可能导致相同事件树的初因事件应划分为一类。

(2)建造事件树

根据确定初因事件,找出可能相继发生的后续事件,并进一步确定这些事件发生的先后顺序,按后续事件发生或不发生分析各种可能的结果,找出后果事件。

(3)事件树定量分析

针对所建事件树,分析和计算初因事件和后续事件的发生概率及各事件之间的相互依赖关系,然后根据已知的初因事件和后续事件的概率定量计算后果事件的概率,从而可以进一步分析和评估其风险。

图 8.7 是对燃气管道系统所做的一棵事件树,根据分析选择燃气泄漏为初因事件。所得后果事件见表 8.24。

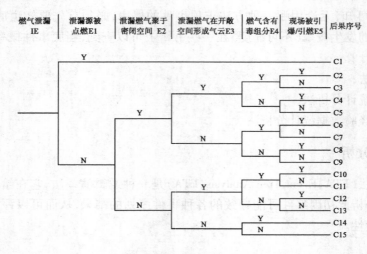

图 8.7　燃气管道系统事件树

表 8.24　图 8.7 的后果事件列表

事件序号	事件描述	事件序号	事件描述
C1	射流火灾、着火	C9	爆炸隐患、窒息
C2	密闭空间爆炸、气云爆炸、中毒	C10	气云爆炸、火灾
C3	中毒、窒息、爆炸隐患	C11	中毒、爆炸隐患
C4	密闭空间爆炸、气云爆炸	C12	气云爆炸、火灾
C5	窒息、爆炸隐患	C13	燃气损耗、爆炸隐患
C6	密闭空间爆炸、火灾、中毒	C14	中毒、燃气损耗
C7	中毒、爆炸隐患、窒息	C15	燃气损耗
C8	密闭空间爆炸、火灾		

3)事件树的定量分析

事件树定量分析主要步骤为:

(1)确定初因事件和后续事件的概率

初因事件和后续事件的概率可以通过故障树分析、统计方法或专家估计法得出。

(2)计算后果事件的概率

如果各事件相互独立或者可以近似认为相互独立,则后果事件概率是导致它发生的初因事件和后续事件发生(或不发生)概率的乘积。如果各事件之间不是相互独立的,则必须考虑各事件发生的条件概率。

以图 8.7 为例,可以认为初因事件、后续事件和后果事件是相互独立的,若 IE,E1～E5 的发生概率已知分别为 $P(\text{IE})$,$P(\text{E1})\sim P(\text{E5})$,后果事件 C1～C11 的概率为 $P(\text{C1})\sim P(\text{C11})$,则根据事件树的结构,有:

$P(\text{C1}) = P(\text{IE})P(\text{E1})$;

$P(\text{C2}) = P(\text{IE})[1-P(\text{E1})]P(\text{E2})P(\text{E3})P(\text{E4})P(\text{E5})$;

$P(\text{C3}) = P(\text{IE})[1-P(\text{E1})]P(\text{E2})P(\text{E3})P(\text{E4})[1-P(\text{E5})]$;

$P(\text{C4}) = P(\text{IE})[1-P(\text{E1})]P(\text{E2})P(\text{E3})[1-P(\text{E4})]P(\text{E5})$;

$P(\text{C5}) = P(\text{IE})[1-P(\text{E1})]P(\text{E2})P(\text{E3})[1-P(\text{E4})][1-P(\text{E5})]$;

$P(\text{C6}) = P(\text{IE})[1-P(\text{E1})]P(\text{E2})[1-P(\text{E3})]P(\text{E4})P(\text{E5})$;

$P(\text{C7}) = P(\text{IE})[1-P(\text{E1})]P(\text{E2})[1-P(\text{E3})]P(\text{E4})[1-P(\text{E5})]$;

$P(\text{C8}) = P(\text{IE})[1-P(\text{E1})]P(\text{E2})[1-P(\text{E3})][1-P(\text{E4})]P(\text{E5})$;

$P(\text{C9}) = P(\text{IE})[1-P(\text{E1})]P(\text{E2})[1-P(\text{E3})][1-P(\text{E4})][1-P(\text{E5})]$;

$P(\text{C10}) = P(\text{IE})[1-P(\text{E1})][1-P(\text{E2})]P(\text{E3})P(\text{E4})P(\text{E5})$;

$P(\text{C11}) = P(\text{IE})[1-P(\text{E1})][1-P(\text{E2})]P(\text{E3})P(\text{E4})[1-P(\text{E5})]$;

$P(\text{C12}) = P(\text{IE})[1-P(\text{E1})][1-P(\text{E2})]P(\text{E3})[1-P(\text{E4})]P(\text{E5})$;

$P(\text{C13}) = P(\text{IE})[1-P(\text{E1})][1-P(\text{E2})]P(\text{E3})[1-P(\text{E4})][1-P(\text{E5})]$;

$P(\text{C14}) = P(\text{IE})[1-P(\text{E1})][1-P(\text{E2})][1-P(\text{E3})]P(\text{E4})$;

$P(\text{C15}) = P(\text{IE})[1-P(\text{E1})][1-P(\text{E2})][1-P(\text{E3})][1-P(\text{E4})]$。

对于人工燃气,$P(\text{E4})=1$,即 C4,C5,C8,C9,C12,C13,C15 不发生;对于液化石油气和天然气一般认为无毒,即 $P(\text{E4})=0$,则 C2,C3,C6,C7,C10,C11,C14 不发生。

(3)后果事件的风险评估

以 8.7 为例,如果上面的方法已经得到了每一个后果事件的发生概率,而经过后果分析又得到了每一个后果的后果程度,则燃气泄漏所带来的风险可以用下式计算:

$$R = \sum_{i=1}^{15} P_i C_i$$

8.3 燃气设施完整性管理概述

8.3.1 管道完整性管理的基本理论

1)管道完整性管理的定义

管道完整性(Pipeline Integrity,PI) 是指:

①管道始终处于安全可靠的服役状态;

②管道在物理上和功能上是完整的,管道处于受控状态;

③管道运营商已经采取,并将持续不断地采取措施防止管道事故发生。

管道完整性管理(Pipeline Integrity Management,PIM)是指管道公司根据不断变化的管道因素,对管道运营中面临的风险因素进行识别和技术评价,制订相应的风险控制对策,不断改善识别到的不利影响因素,从而将管道运营的风险水平控制在合理的、可接受的范围内,通过监测、检测、检验等各种方式,获取与专业管理相结合的管道完整性的信息,对可能使管道失效的主要威胁因素进行检测、检验,据此对管道的适用性进行评估,最终达到持续改进、减少和预防管道事故发生、经济合理地保证管道安全运行的目的。

管道完整性管理与管道的设计、施工、运营、维护、检修等各过程密切相关。在役管道的完整性管理要求管道公司要不断识别运营中面临的风险因素,制订相应的控制对策。对可能使管道失效的危险因素进行检测,对其适应性进行评估,不断改善识别到的不利因素,将运营的风险水平控制在合理的可接受的范围内。管道完整性管理是一个连续的、循环进行的管道监控管理过程,需要在一定的时间间隔后,再次进行管道检测、风险评价及采取措施减轻风险,以达到持续降低风险和预防事故的发生,保证全过程经济、合理、安全地运行。对在役管道逐步实施完整性管理是提高管理水平、确保安全运行的重要措施,是一项防患于未然的科学方法。

管道完整性管理也是对所有影响管道完整性的因素进行综合的、一体化的管理,包括:
①拟订工作计划、工作流程和工作程序文件。
②进行风险分析和安全评价,了解事故发生的可能性和将导致的后果,制订预防和应急措施。
③定期进行管道完整性检测与评价,了解管道可能发生事故的原因和部位。
④采取修复或减轻失效威胁的措施。
⑤培训人员,不断提高人员素质。

完整性管理是一个持续改进的过程,完整性管理是以管道安全为目标的系统管理体系,内容涉及管道设计、施工、运行、监控、维修、更换、质量控制和通信系统等全过程,并贯穿管道整个运行期,其基本思路是调动全部因素来改进管道安全性,并通过信息反馈不断完善。

2) 管道完整性管理的原则

管道完整性管理要遵循如下原则:
(1) 应融入管道完整性管理的理念和做法

管道的完整性管理开始于正确的管道设计和施工。为防止管道损伤,确保公众安全,在一系列的标准中,针对输油、输气管道从设计、管子和管件材料制造、管道系统施工、设备安装到管道验收、操作与维护、腐蚀控制等过程,提出了明确的技术指南。这些技术指南以及管道设计说明书为以后的完整性管理程序提供了重要的原始资料信息。

(2) 结合管道的特点,进行动态的管道完整性管理

管道完整性管理程序是一套不断改进且能灵活适应管道经营特点的程序,并通过周期性的评价和修订来适应管道操作系统、运行环境及管道系统本身新输入资料信息的变化。周期性的评价要求能够确保程序采用合适的高新技术及在当时条件下最好的预防、检测和风险减缓等措施,并且和运营商的运营经验相结合。有效支持运营商的完整性管理。

(3) 要对所有与管道完整性管理相关的信息进行分析和整合

完整性管理程序整合所有在制订决策过程中可利用的信息,运营商在最有利的情况下收

集和分析这些信息。通过整合所有可利用的信息。管道运营商能够确定在什么位置发生事故的风险最大,进而作出谨慎评价,降低风险。

(4)必须持续不断地对管道进行完整性管理

风险评价是完整性管理程序的基础,其最终目的是识别并对最重要的风险优先排序。管道风险分析是一个反复循环的过程,管道运营商应该周期性地收集管道系统运行经验及其他附加信息资料。这些信息可以帮助运营商更好地了解管道系统的新风险,并相应调整完整性管理计划。其结果可能会导致检测方法和周期的改变。

(5)应不断在管道完整性管理过程中采用各种新技术

在完整性管理程序中采用一些新技术,可以提高运营商评价风险的能力。利用有效的、合适的新技术,可以更好地研究管道系统潜在的最大危险。

(6)要建立负责进行管道完整性管理的机构和流程,并配备相应人员

管道系统基础设施的完整性仅仅只是整个管道系统完整性的一部分,管道系统完整性也包括基础设施的操作人员,以及他们使用和遵循的工作方法。操作人员应该安全地运行并合理地维护管道。为了建立有效的完整性管理程序,该程序必须标明运营者的组织、运营过程及操作系统,并需要对所有操作人员实施不定期的培训,以培养合格的操作人员。

3)管道完整性管理的特点

(1)组织完整性

需要将管道规划、建设到运行维护、检修的全过程实施完整性管理,将它贯穿管道整个生命周期,在整个生命周期进行管理的过程中需要一个完善的组织机构和保持持续改进的执行团队来发挥完整性管理的最大价值,体现组织完整性。

(2)数据完整性

要求从数据收集、整合,数据库设计,数据的管理、升级等环节,保证数据完整、准确,为风险评价、完整性评价结果的准确、可靠提供重要基础。特别是对在役管道的检测,可以给管道完整性评价提供最直接的依据。

(3)管理过程完整性

管道完整性管理的六步循环,是管道完整性管理的核心技术内容和关键组成部分。例如,要根据管道的剩余寿命预测及完整性管理效果评估的结果,确定再次检测、评价的周期,每隔一定时间后再次循环上述步骤;还要根据危险因素的变化及完整性管理效果测试情况,对管理程序进行必要修改,以适应管道实际情况。持续进行、定期循环、不断改善的方法体现了安全管理过程完整性。完整性管理流程如图 8.8 所示。

(4)灵活性

完整性管理需适应于每条管道及其管理者的特定条件。管道的条件不同是指管道的设计、运行条件不同,环境在变化,管道的数据、资料在更新,评价技术在发展。管理者的条件是指管理者的完整性目标和支持完整性管理的资源、技术水平等。因此,完整性管理的计划、方案需要根据管道实际条件来制订,不存在适于各种管道的"唯一"的或"最优"的方案。

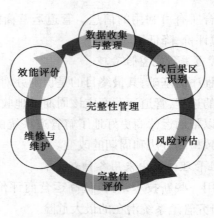

图 8.8　完整性管理流程图

8.3.2　完整性管理程序

1)完整性管理危害分类

完整性管理的第一步是识别影响完整性的潜在危险。所有危害管道完整性的危险都应考虑。国际管道研究委员会(Pipeline Research Council International,PRCI)对输气管道事故数据进行了分析,并划分成 22 个根本原因,22 个原因中每一个都代表影响完整性的一种危险,应对其进行管理。对其余 21 种,已按其性质和发展特点,划分为 9 种相关事故类型,并进一步划分为与时间有关的 3 种缺陷类型,这 9 种类型对判定可能出现的危险很有用。应根据危害的时间因素和事故模式分组,正确进行风险评估、完整性评价和减缓活动。

(1)与时间有关的危害

①外腐蚀;

②内腐蚀;

③应力腐蚀开裂。

(2)稳定因素

①与制管有关的缺陷:

a.管体焊缝缺陷;

b.管体缺陷。

②与焊接/制造有关的缺陷:

a.管体环焊缝缺陷;

b.制造焊缝缺陷;

c.折皱弯头或壳曲;

d.螺纹磨损/管子破损/管接头损坏。

(3)设备因素

①"O"形垫片损坏;

②控制/泄压设备故障;

③密封/泵填料失效;

④其他。

（4）与时间无关的危害

①第三方/机械损坏：

a.甲方、乙方或第三方造成的损坏（瞬间/立即损坏）；

b.以前损伤的管子（滞后性失效）；

c.故意破坏。

②误操作：操作程序不正确。

③与天气有关的因素和外力因素：

a.天气过冷；

b.雷击；

c.暴雨或洪水；

d.土体移动。

必须考虑多种危险（即在一个管段上同时发生一个以上的危险）的相互作用，例如出现腐蚀的部位又受到第三方损坏，根据历史经验，金属疲劳已经不作为输气管道的重要问题。但如果管道的运行方式改变，运行压力出现明显波动，管道公司就应将疲劳作为一个附加因素来考虑。

2）识别危险对管道的潜在影响

完整性管理程序首先要识别管道，特别是对关注区域的管道可能存在的危险因素。对每个管段，都应单独或按9种类型考虑可能存在的危险因素，然后对潜在的危险性进行分析，为下一步数据收集、综合提供基本因素条件。

3）数据收集、检查与综合

评价一个管道系统或管段可能存在危险的第一步，是要确定和收集能反映该管段状况和可能存在危险的必要数据和信息。在这一步，管道公司首先要收集、检查和综合相关的数据和信息，这对了解管道状况、识别具体位置上影响管道完整性的危险，并了解事故对公众、环境和操作造成的后果是必要的。支持风险评估的数据类型，因所分析风险的不同而异。需要收集与操作、维护、巡线、设计、运行历史有关的信息以及每个系统和管段特有的具体事故和问题的相关信息。相关数据和信息还包括那些致使缺陷扩展（如阴极保护中的缺陷）、降低管子性能（如现场焊接）或可能造成新缺陷（如靠近管道的开挖作业）的情况或行为。

其次，需要收集管道完整性管理信息（数据），其来源有管道装置图、附件图、管道走向图、航拍（或遥感）图、原始施工图和监测记录、管材合格证书、制造设备技术数据、管道设计与工程报告、管道调查和试验报告、管道监测计划、运行和管理计划、应急处理计划、事故报告、技术评价报告、操作规范和相应的工业标准等。除以上信息外，还包括依靠专家或公众社会对某事件达成的共识所量化的经验值。

4）风险评估

在完整性管理的这一步，可用前一步收集的数据进行管道系统或管段的风险评估。通过对前一步收集的信息和数据的综合评价,风险评估过程能识别可能诱发管道事故的具体事件的位置和(或)状况,了解事件发生的可能性和后果。风险评估结果应包括管道可能发生的最大风险的性质和位置。

在该完整性管理过程中,需要将所获得的数据与规范、标准进行比较,进行风险评估,是为了对管段的风险评价结果进行排序。根据所获得的数据和危险性质的不同,有多种方法可用于风险评估,运营公司应采用合适的方法,满足管道系统的要求。力求将人力、物力资源用到所确认的最重要的地方,而该处额外的数据可能是有价值的,初期筛选式风险评价是必要的。根据这一步所得出的结果,使运营公司能对需维护的管段进行优先级排序,以采取完整性管理的预定维护措施。

5)完整性评价

在上一步进行的风险评价的基础上,可选择和进行相应的完整性评价。完整性评价包含的内容较多,这是一个综合评价过程,根据已识别出的危险因素,选择完整性评价的方法。如果需要确定某一管段的所有危险因素,可能需要采取多种评价方法。

针对某种具体危险因素进行完整性评价应考虑其他的数据和信息,例如,用漏磁检测器进行腐蚀检测时,可能会发现凹坑,应将这些数据与其他危险的分析数据(如第三方损坏或施工造成的损坏)相结合。

对在检测中发现的迹象,应进行检查和评价,以确定缺陷是实际存在的还是虚假的。对这样的迹象,可采用适当的检测和评价方法进行检测和评价,如采用含缺陷油气管道剩余强度评价方法(SY/T 6477—2017)进行评价。

6)完整性评价的响应

在这一阶段,要根据检查结果制订响应计划。应对检测中发现的管道缺陷确定维修措施并实施,应按照合格的行业标准和做法进行维修作业。

这一阶段也可进行预防性维护,对第三方损坏的预防和低应力管道,与检测相比,减缓可能是一个更合适的选择方案。例如,对于某一具体系统或管段,如果确认开挖是造成损坏的主要风险,运营公司可结合检查活动选择一些预防措施,加强与公众的联系,建立更有效的开挖通知制度,或提高开挖作业人员在检测过程中的管道保护意识。

以风险分析为基础的完整性管理,在减缓措施的选择和实施的时间安排上,可能与预定的完整性管理程序的要求不同。在这种情况下,应将风险分析得出的这些结论形成文件,使其成为完整性管理程序的一部分。

本工作是对检测评价的响应,通过管道维修、运行工况调整和预防措施来消除或减缓检测中发现的安全隐患,提高管道安全性。根据检测结果严重程度,维修计划一般分为立即维修或更换、安排维修计划和加强监控措施3个等级,需要建立维修标准来确定必须维修的缺陷尺寸。评价周期主要根据维修标准、维修数量和预防措施有效性确定,其基本原则是经过本次维修后的残余缺陷在下个周期的完整性检测中不会发展成危险性缺陷。

7) 持续改进

进行初步的完整性评价后,运营公司获得的有关管道系统或管段状况的信息得到了改善和更新。应将这些信息保存下来,并补充到数据库中,供以后风险评估和完整性评价所用。此外,在管道系统继续运行过程中,应收集新的操作、维护和其他信息,扩充和完善操作工况的历史数据库。

8) 风险再评价

应在规定的时间间隔内定期进行完整性评价,当管道发生显著变化时,也应进行风险评估。运营公司应考虑当前的操作数据,考虑管道系统设计和操作的变化,分析上次完整性评价之后可能发生的外界变化对管道的影响,并应采纳其他的风险评估数据。还应将完整性评价(如内检测评价数据)的结果,作为以后风险评估的因素予以考虑,以确保分析过程反映管道的最新状况。

9) 完整性管理方案

完整性管理方案是执行每一步骤和进行支持性分析的文件。方案应包括预防、检测、评价和减缓措施,还应制订一个措施实施的时间表。首先应对那些风险最大的管道系统或管段进行评价。该方案还应考虑可能确定多种危险的那些活动。例如,静水试压既可以根据时效性危险(如管道内、外腐蚀)确定管道的完整性,又可根据稳态危险(如焊缝缺陷和有缺陷的焊缝)确定管道完整性。

以完整性评价为基础的完整性管理方案,要求的信息详细,并在对管道充分了解基础上进行更详细的分析。一般不要求具体的风险分析模式,只要求所采用风险分析模式和方法的有效性。详细的完整性评价分析能使运营公司对完整性更深入地了解,使其在实施以风险分析为基础的完整性管理方案时,在时间安排上和在方法的使用上有更大的灵活性。

方案应定期更新,以反映新的信息和对当前影响完整性的危险的认识情况。当识别到新的风险或已知的风险出现新情况时,应根据情况,实施额外的减缓措施。此外,更新的风险评估结果也有助于以后完整性评价方案的制订。

10) 制订完整性管理程序评价方案

管道公司应收集管理方案实施后的信息,并定期评价完整性评价方法、管道维修活动以及风险控制活动的有效性。管道公司还应对其管理体制和方法在完整性管理正确决策方面的有效性进行评价,主要在于确定是否取得了较好的经济效益,是否需要进一步实施下去。另外,还需进一步评价新技术在完整性管理程序中的使用情况。

11) 变更管理方案

管道系统及其所处的环境不是静止不变的。在完整性管理方案实施前,应采用一种系统方法,确保对管道系统的设计、操作或维护发生变更所带来的潜在风险进行评估,并确保对管道运行所处环境的变化进行评价。在变更发生之后,适当时,应将其纳入以后的风险评估中,以保证风险评估方法针对的是当前配置、操作和维护的管道系统。完整性管理方案减缓措施的结果,应作为对系统和设施设计和操作的反馈。

12)完整性质量控制

内容包含以质量控制为目的的完整性管理程序的评价和完整性管理程序所需的文件,包括对完整性管理程序的审核,以及对完整性管理过程、检测、减缓措施和预防措施的审核。要求严格控制管道完整性管理的检测、评价、维护维修等过程的质量,制订相应的质量保证体系,使完整性管理每一个步骤行之有效。

13)应急救援联络

为了使公众了解在完整性管理方面所做的工作,管道公司应制订并实施与员工、公众、应急人员、当地公务人员及管理部门进行有效联络的应急救援方案。该方案应向管理层通报有关完整性管理方案的信息及所获得的结果。

参考文献

［1］中华人民共和国劳动部职业安全卫生与锅炉压力容器监察局. 工业防爆实用技术手册［M］. 沈阳：辽宁科学技术出版社，1996.

［2］同济大学，重庆大学，哈尔滨工业大学，等. 燃气燃烧与应用［M］. 4 版. 北京：中国建筑工业出版社，2011.

［3］L.K.马克西莫夫，A.A.布赫.工业中的静电及其防护［M］.丁昌第，译.北京：国防工业出版社，1987.

［4］傅维标，卫景彬.燃烧物理学基础［M］.北京：机械工业出版社，1981.

［5］K.纳伯尔特，G.雄恩.可燃性气体和蒸汽的安全技术参数手册［M］. 李合德，译.北京：机械工业出版社，1983.

［6］郑端文. 生产工艺防火［M］. 北京：化学工业出版社，1998.

［7］R.普利查德，J.J.盖依，N.E.康诺尔.燃气应用技术［M］.刘麟贞，译.北京：中国建筑工业出版社，1983.

［8］段常贵. 燃气输配［M］. 5 版. 北京：中国建筑工业出版社，2015.

［9］郑津洋，马夏康，尹谢平. 长输管道安全：风险辨识 评价 控制［M］. 北京：化学工业出版社，2004.

［10］彭力，李发新. 危害辨识与风险评价技术［M］.北京：石油工业出版社，2001.

［11］金星，洪延姬，沈怀荣，等.工程系统可靠性数值分析方法［M］.北京：国防工业出版社，2002.

［12］胡二邦.环境风险评价实用技术和方法［M］.北京：中国环境科学出版社，2000.

［13］杨立中.工业热安全工程［M］.合肥：中国科学技术大学出版社，2001.

［14］曾声奎，赵延弟，张建国，等.系统可靠性设计分析教程［M］.北京：北京航空航天大学出版社，2001.

［15］郭仲伟.风险分析与决策［M］.北京：机械工业出版社，1987.

[16] 王凯全,邵辉.事故理论与分析技术[M].北京:化学工业出版社,2004.

[17] 潘旭海,蒋军成.事故泄漏源模型研究与分析[J].南京工业大学学报(自然科学版),2002,24(1):105-110.

[18] 曲静原,刘原中.风险研究中的若干问题[J].辐射防护,1998,18(1):61-68.,

[19] W.Kent Muhlbauer.管道风险管理手册[M].2版.杨嘉瑜,等,译.北京:中国石化出版社,2005.

[20] 中国气象局.城镇燃气防雷技术规范:QX/T 109—2009[S].北京:气象出版社,2009.

[21] 中华人民共和国住房和城乡建设部,中华人民共和国国家质量监督检验检疫总局.建筑物防雷设计规范:GB 50057—2010[S].北京:中国计划出版社,2011.

[22] 王海福,冯顺山.防爆学原理[M].北京:北京理工大学出版社,2004.

[23] 全国注册安全工程师执业资格考试辅导教材编审委员会.安全生产管理知识:2006版[M].北京:中国大百科全书出版社,2006.

[24] 中华人民共和国住房和城乡建设部.城镇燃气设施运行、维护和抢修安全技术规程:CJJ 51—2006[S].北京:中国建筑工业出版社,2007.

[25] 董绍华.管道完整性技术与管理[M].北京:中国石化出版社,2007.

[26] 黄小美.城市燃气管道系统定量风险评价及其应用研究[D].重庆:重庆大学,2008.

[27] 陈利琼,黄坤.城市燃气安全管理[M].北京:石油工业出版社,2015.

[28] 梁法春,陈婧,寇杰.油气储运安全技术[M].北京:中国石化出版社,2017.

[29] 詹淑慧,杨光.城镇燃气安全管理[M].北京:中国建筑工业出版社,2007.

[30] 侯庆民.天然气管道泄漏检测及扩散研究[M].北京:中国建筑工业出版社,2018.

[31] 谭羽飞,付明,王雪梅,等.城市燃气管网泄漏扩散机理与安全检测技术[M].哈尔滨:哈尔滨工业大学出版社,2022.

[32] 李庆林,松长茂,卓秋武,等.城镇燃气管道安全运行与维护[M].2版.北京:机械工业出版社,2020.

[33] 彭知军,王天宝.燃气行业施工生产安全事故案例分析与预防[M].北京:中国建筑工业出版社,2021.